何可人 编
U0354524
全球视野下的社会住宅
DESIGNING
SOCIAL HOUSING
FROM A GLOBAL PERSPECTIVE
中国建筑工业出版社

图书在版编目（CIP）数据

全球视野下的社会住宅 = DESIGNING SOCIAL HOUSING FROM A GLOBAL PERSPECTIVE / 何可人编 . 北京：中国建筑工业出版社，2024. 12. — ISBN 978-7-112-30418-9

Ⅰ. TU241

中国国家版本馆 CIP 数据核字第 2024C0M953 号

责任编辑：毋婷娴　王　惠
责任校对：李欣慰

全球视野下的社会住宅
DESIGNING SOCIAL HOUSING FROM A GLOBAL PERSPECTIVE

何可人　编

*

中国建筑工业出版社出版、发行（北京海淀三里河路 9 号）
各地新华书店、建筑书店经销
北京方舟正佳图文设计有限公司制版
建工社（河北）印刷有限公司印刷

*

开本：787 毫米 × 960 毫米　1/16　印张：12¼　字数：255 千字
2025 年 3 月第一版　2025 年 3 月第一次印刷
定价：**88.00** 元
ISBN 978-7-112-30418-9
（43761）

序言　社会住宅的世纪之变

中央美术学院建筑学院何可人教授带领的国际工作室师生团队，以社会住宅为题开展中外学生联合设计。选择的基地既有在北京、深圳的，也有在伦敦、巴黎的；既有高密度中心城区，也有城市郊区；既有对旧城区的更新设计，也有对未来社会住宅的探讨。纵观十年间学生作品，视角多元生动，设计参差多态，成果丰硕，令人欣喜。

从 20 世纪初到今天，社会住宅一直是建筑学重点关心的课题；现代主义建筑的发展，与社会住宅设计的进程紧密结合。从 20 世纪 20 年代的社会住宅在欧洲的探索，到“二战”之后东方西方的规模化实践，形成了社会住宅设计的体系。进入 20 世纪 80 年代，随着对现代主义建筑的反思，社会住宅设计也呈现出更加多样的发展趋势，成为建筑类型学、形态学、社会学研究的重要领域。从 20 世纪后期到 21 世纪初，全球社会住宅的设计大致呈现出以下五个变化特点：

第一，重视在地性。各地的建筑师和政策制定者越来越认识到，社会住宅的形式不可能放之四海而皆准，而是与当地的城市、自然、文化、经济，尤其是服务的人群有决定性的关联。特别是城市肌理的原型和类型，得到建筑界的重视。1984 年柏林国际建筑展（IBA）由克莱胡斯等人提出的“批判的重构”和“谨慎的更新”就是强调了这种在地性，并对其后社会住宅的发展产生了重要影响。

第二，加强参与性。社会住宅的居住者参与规划，提出要求，甚至参与建造；阿拉维拉设计的智利依基克“半边楼”住宅，就是充分调动了住户的积极性，而呈现出多样的形态。在各地的城市更新中，涉及社会住宅的公众参与有很多成功的经验。

第三，表达历时性。“推土机式的改造”已经被逐步放弃，城市的拼贴和生长成为城市文脉延续的方式。法国拉卡顿 / 瓦尔斯建筑师事务所设计的波尔多 500 户社会住宅改造，就生动表达了对待既有城市建筑的鲜明态度。日本的诸多社会住宅更新，也成为新的设计题材。

第四，彰显创新性。生态技术上的创新，造就了新的建筑形式；例如在英国贝丁顿零碳住宅区中，就有一部分社会住宅；而新的建筑形式在社会住宅上有了更多的用武之地，例如法国巴黎的邮递员公寓，当年成为巴黎建筑导游的封面作品。社会住宅成为建筑师在技术和艺术上充分创作的载体。

第五，推进合作化。新的社会住宅形式层出不穷，例如 PPP 模式的发展和可支付住宅（Affordable Housing）得到大幅度的发展；西班牙马德里由 MVRDV 建筑事务所等设计的两个空中庭院就是很好的例子。在中国，随着城市产业的发展和青年人才的流动，保障性租赁住房有了新的呈现，上海的龙南佳苑实践和北京的百子湾燕保家园的设计也引起了中国设计界的热情关注。

这本书也很好地体现了上述变化的特点。何可人教授和师生团队教研结合，经过多年积累，形成了本书的三个部分。第一部分是社会住宅的发展研究，分析了全球视野下社会住宅发展的挑战，分析了后疫情时代的城市模式嬗变，还专门研究了日本社会住宅的过去、当下和未来走向。第二部分，讨论了建筑实践者的职责。马岩松和张佳晶两位著名建筑师与何老师对谈了关于中国社会住宅发展的要点、难点的看法，张佳晶论述了中国社会住宅从 1.0 走向 4.0 的变化历程。第三部分，通过对谈方式介绍了中英联合设计工作坊的发展历程，并且把工作室十年的学生设计作业分类刊出。涉及的问题有七对：城市与社群，传统与当代，私密与公共，街区与乡村，场所与更新，自然与人工，科学与艺术。年轻学生充满了热情和活力，对于功能、空间、形式、技术的探索富有新意，呈现方式多姿多彩，生动有趣。

相信在中外教师的指导下，在专业工作的磨炼中，这一代学生必然前程远大，尽到自己作为青年建筑师共同而有区别的责任。衷心希望何可人教授能继续带领下一个十年的学生，在全球视野下为社会住宅的发展作出新的贡献！

李振宇
2024 年 9 月 6 日，于同济大学

前言 居住的艺术

本书撰写的起因是中央高等学校基本科研业务费专项资金资助的一个项目：国际大城市社区更新前提下的社会保障性集合住宅研究与设计（项目编号：20KYZY020）。立项的基础是中央美术学院（简称“央美”）建筑学院国际工作室自 2014 年以来的教学和研究课题。

吴良镛先生在 20 世纪 90 年代提出跨建筑、规划、景观和城市专业领域的“广义建筑学”，进一步又提出了“人居环境科学”（sciences of human settlements）的理论。吴先生从宏观的角度强调人居环境复杂的系统性，称其涉及诸多学术领域，是科学、艺术和人文的融汇，即“大科学 + 大人文 + 大艺术”。英国建筑师史密斯夫妇在 20 世纪 70 年代提出了“居住的艺术”（art of inhabitation）的概念，阐释了人们是如何将日常生活中的自我融入环境中去，强调居民的生活与社区和城市环境的关系。

无论是专业领域，还是广义范围所指的科学与艺术，社会保障性住宅都是研究人居环境时具有广泛意义的话题，也是中央美术学院建筑学院国际工作室（以下简称 CAFA 国际工作室）确立的教学和研究课题的基础：在全球不同的自然环境、历史文脉、城市肌理、经济文化、宗教习俗的视野下，从人类自身的日常生活角度来看待居住的问题，进而延伸到居住与社区、区域与城市的关系，最终讨论的是人类的共性和居住的诗意性。

央美建筑学院自从 2014 年建立了 CAFA 国际工作室至今，每年秋季学期的 20 周和春季学期的 8~10 周都分别以全世界范围的大城市和区域为目标点，设立各种建筑设计与城市设计的课题，参与的学生包括央美本科建筑和城市方向四年级的学生、国外来的交换生还有部分研究生。其间也有多年与英国威斯敏斯特大学建筑系联合教学的经历。工作室导师包括来自不同文化背景的优秀教师团队，参加的学生十年来超过 320 人次。[1] 国际工作室不仅承载着教学的任务，并且搭建了一个动态的、鼓励交流的平台，来自五湖四海和世界各地的导师和学生在此相互学习、探讨和交流。教学过程中也常常邀请其他学术和专业领域的人士来进行指导和讨论，同时也将成果面向社会进行宣传和展览，希望产生社会影响并得到反馈。

此书分为三个部分。第一部分是关于全球社会住宅发展的历史背景和当代发展趋势的综合介绍。何可人撰写的“全球视野下社会保障性住房设计的挑战”，回溯了我国当代社会住宅发展的历史，探寻如何从全球的新发展中得到经验和启发，从而找寻自我的未来发展走向。张中琦（John Zhang）、何可人撰写的文章对全球疫情引发的城市人居环境的变化进行了深

1　参见本书附录：CAFA 国际工作室 2014—2024 年课题及参与人员名录。

入的思考，通过借鉴20世纪中期建筑学者昂格斯和库哈斯的理论，探索未来大城市人居环境的新发展。邵帅和徐紫仪分别针对第二次世界大战（简称“二战”）以后到21世纪的日本社会住宅发展进行阐述，用丰富翔实的资料探讨了从“二战”以后到现在日本社会住宅发展的各种复杂因素造成的社会影响以及其发展的规律和趋势。

第二部分是从实践者的角度来讨论社会住宅设计的实际案例，包含了当今优秀的年轻建筑师马岩松和张佳晶的访谈。从设计开始的机缘、当今住宅设计的特点、住宅的公共性、规范制约因素，到对建筑教育和未来发展的展望，两位建筑师侃侃而谈，用自己亲身的经历和案例，对现实问题的利弊进行分析，呼吁年轻的建筑师应当多参与到社会住宅的设计中来。张佳晶的文章是他常年利用公众号写作的一部分，探讨了自己设计住宅项目几十年的心得和体会。

第三部分则是用CAFA国际工作室十年的教学成果来阐释关于社会住宅设计的思考、理念和展望。由于国际工作室的模式一直是个跨文化、跨领域的动态交流平台，所以在梳理教学成果中也打破了时间和空间的边界，用七个不同的话题来组织十年来学生的作业成果，同时也用这些成果作为证据来论证工作室多年在社会住宅教学中探索的焦点，以及与时代契合的关注点。这七个话题分别是：①为谁而设计：当代城市社群；②院落、联排和城市别墅：传统住宅类型的当代转译；③私密性和公共性：不同时空和文化语境下的诠释；④巨构街区与城市村庄：关于密度和秩序的讨论；⑤城市更新与场所的潜能：社区、空间与地方；⑥自然的主题：城市中的人与自然；⑦居住的诗意：科学、艺术与集体记忆。

学生的作品虽不完美，有很多缺陷，甚至有很多非常不切实际的想法。同时来自不同文化背景的学生在不熟悉的城市文化中，也会带着自己固有的习惯和思考，许多时候也会失之偏颇。然而，也正是因为这些特点，我们能够从这些多种多样的话题讨论、多元文化的冲击和碰撞，以及跨越时空的畅想中，获得非常具有价值的观点和灵感。展望未来，现在的憧憬也许就是不久将来的现实。这也是此书偏重教学的总结和感悟而对于住宅技术性的问题探讨较少的缘故。

此书的出版要感谢建筑师马岩松和张佳晶对于我们工作室的教学研究毫无保留的支持，也要感谢清华大学建筑学院许懋彦教授的鼎力支持，他介绍在日本攻读博士的徐紫仪和邵帅为本书提供了优秀的文章。此外最大的贡献来自CAFA国际工作室十年来参与的中外导师和学生。国际工作室从2014年到2024年参与的中央美术学院老师先后包括何可人、韩涛、刘斯雍、周宇舫、侯晓蕾、王子耕、刘焉陈、吴晓涵和王威，美院特聘的外籍教师戴维·波特（David Porter）和彼得·塔戈里（Peter Tagiuri），以及来自威斯敏斯特大学的联合课题导师张中琦。提供作品的学生包括央美本科2011级到2020级四年级的建筑和城市方向的学生，2014—2019年来自德国、瑞士、挪威、丹麦、瑞典、奥地利、意大利、韩国、日本的交换生，还有 2015—2020 年参与联合课题的英国威斯敏斯特大学的本科三年级学生。中央美院研究生魏宏健和高文淦为书籍的研究收集了大量资料并以此为题撰写毕业论文，研究生刘天博、张向月、刘洋、陈文博、高宇轩和幺若锦在课题期间也参与了调研和助理教学的职责，研究生吴定聪、陈湘汛、贺宇婷、苗清淳和毕佳璇为此书绘制插图。

由于本人并非研究和实践社会住宅的专门人士，资历欠缺，在书籍编辑中必定有很多不当之处，望各专业人士指点和批评。

何可人

中央美术学院建筑学院

2024 年 1 月于北京

参与本书写作的主要人员：

章	标题	作者
第 1 章	全球视野下社会保障性住房设计的挑战	何可人
第 2 章	后疫情城市的“群岛”模式	张中琦、何可人
第 3 章	“二战”后日本社会性住宅面临的挑战与机遇	邵　帅
第 4 章	21 世纪以来日本社会性住宅再生更新的新课题与前景	徐紫仪
第 5 章	访谈：当代社会保障性住宅的设计	马岩松、张佳晶、何可人
第 6 章	社会住宅的 1.0 到 4.0	张佳晶
第 7 章	社会住宅、飞地边界与居住的诗意性	何可人、张中琦、戴维・波特
第 8 章	社会住宅教学探索的十年	何可人

本书受中央高校基本科研业务费专项资金资助，项目编号：20KYZY020

目 录

1

全 球 视 野 下 的 社 会 住 宅
DESIGNING SOCIAL HOUSING FROM A GLOBAL PERSPECTIVE

第一部分

历史沿革与发展

第1章　全球视野下社会保障性住房设计的挑战

席卷全球的新冠肺炎疫情如同一条导火索，给人类世界带来了史无前例的挑战，甚至打破了自“二战”以后人类生存所形成的固有观念：包括人群聚集的生活方式，人与人相处的模式，社区和城市空间的变迁等。城市发展的韧性与人居的问题也在这场事件中获得多方位的思考和讨论。虽然世界各国在住宅发展方面各有不同的历史沿革、文化影响、政策措施、经济手段、管理体系和建设过程，然而人类的居住需求有着最基本的共同点，因此在全球视野下讨论人居环境和住宅设计，对于我国人居环境的发展将有很多可借鉴之处。

社会保障性住房简称保障性住房，我国住房保障系统是根据国情而落实，依据城市为主体的“一城一策”的战略，不同城市的住房政策不同，住房保障体系组成也根据具体情况而定。2006年北京市出台的《北京市“十一五”保障性住房及“两限”商品住房用地布局规划（2006年—2010年）》报告，将保障性住房定义为“政府按限定标准、限定价格或租金的为本市中低收入住房困难家庭提供的住房，由廉租住房、经济适用房和政策租赁住房构成”。[1] 2021年国务院办公厅发布《国务院办公厅关于加快发展保障性租赁住房的意见》，明确了保障性住房由共有产权房、公租房和保障性租赁住房构成。我国保障性住房的定位与欧洲和美国的“社会住宅”（social housing），日本的“集合住宅（团地）”，以及新加坡的“组屋”概念近似，同属于不同类型的住宅供应或补贴政策在所在国家的统称。

1.1　我国社会保障性住宅设计的发展沿革及其特点

新中国成立至今，中国的城市住宅也经历了多次转型，一般认为以新中国成立初期建设公有住房制度为第一次转型，改革开放后建立商品房市场为第二次转型，而当今正在逐步健全的“保障性住房与商品房并行的双轨制”为第三次转型。[2] 保障性住房在中国是21世纪开始推动发展的新型住房类型，其政策性质大于其建筑性质，与我国城市发展进程关系密切。依据城市规划与住房政策，近代以来国内保障房发展结合集合住宅发展历程可共分为五个阶

1　北京市规划和自然资源委员会．北京市“十一五”保障性住房及“两限”商品住房用地布局规划 [EB/OL].（2009-08-06）[2024-03-09]. https://ghzrzyw.beijing.gov.cn/zhengwuxinxi/ghcg/zxgh/201912/t20191213_1165425.html.

2　李振宇，董怡嘉．转型期中国城市住宅的发展特点与趋势 [J]. 住宅产业，2014（4）：16-20.

段：新中国成立前集合住宅萌芽期、新中国成立后福利房时期、住房改革时期、商品房市场化时期以及保障性住房大建设时期。

1.1.1 脱胎于传统住宅的早期城市集合住宅

近代至 1949 年新中国成立前是中国住宅发展激变的阶段，一方面，集合住宅作为舶来品被西方列强引入中国；另一方面，由于社会的变革与动荡，住宅建设脱离传统轨道不断改进，以适应当前的城市问题。新中国成立前推动集合住宅发展的主要力量由房地产开发、铁路及工厂配套、政府介入三个方面组成。

房地产的开发是集合住宅进入中国的起始，同时引导了上层住宅的发展。上海开埠并建立租界后，以地主、豪绅为主的人口不断进入，导致住房需求的增加，促使了房地产的出现。在三合院、四合院这类传统民居建筑的基础上，开发了老式石库门住宅，奠定了上海里弄住宅的形式。这类住宅在平面布局上以“间”为单位，保留中式建筑对称的格局，并留存中心的天井（图 1–1）。随着城市人口的增加，上海逐渐发展出适应城市土地短缺的“新式石库门住宅”，与老的石库门里弄住宅相比，新式的里弄住宅根据城市人们居住的要求进一步调整和改善：①为了采光合理避免黑房间，将房间进深减小，虽然整体面积减小，但是平面功能和内容设施更完善，将天井置于房屋的前端，有时后侧也有天井；②住宅成片建设的规模增大，布局更为合理；③开始使用西方的建筑材料和技术，如使用混凝土基础和砌筑砖墙承重。住宅设施也得到改善，每栋住宅内都有带烟囱的厨房和上下水（图 1–2）。虽然在平面布局上新石库门建筑脱胎于中国传统住宅，但在外立面和街坊布局上却受到西方建筑和城市街道的影响。

北方开埠地区开发的新住宅也是延续北方传统的合院式住宅，并将其成排并联，形成北

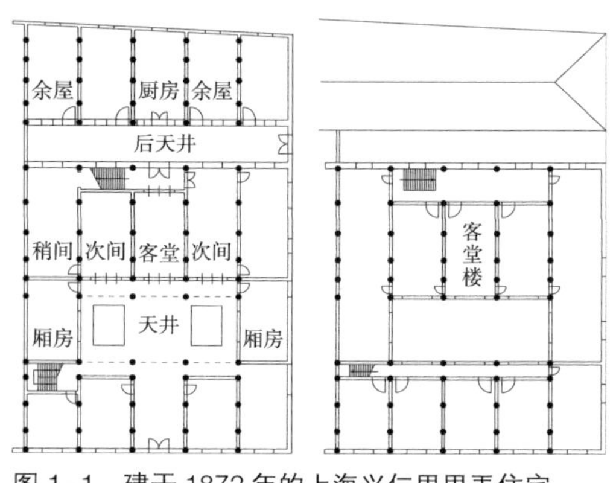

图 1–1 建于 1872 年的上海兴仁里里弄住宅

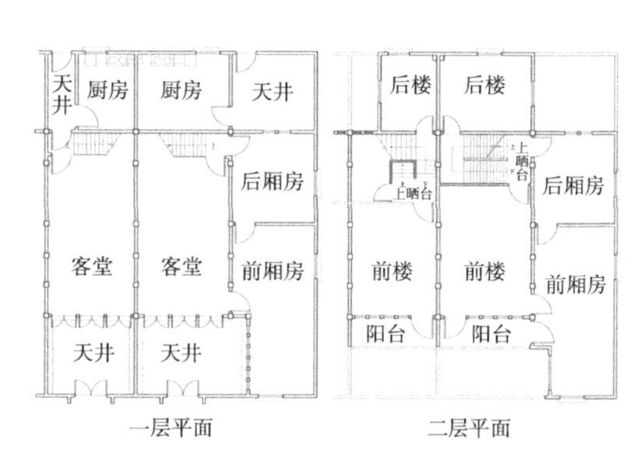

图 1–2 上海斯文里里弄住宅平面

方合院式里弄住宅。例如，1930 年建成的天津东兴里整个地块由纵横各三条弄道组成方格网式系统，将整个里弄分成 16 个方形的小块，每块 4~7 个三合院式的平房单元，背靠背连接在一起。每个院子有正房和两侧厢房，以及耳房作为厨厕；平房的朝向却不全是南北向，这样连在一起的建筑密度接近 70%。

早期北方和南方的这类脱胎于传统居住建筑的现代住宅，原本是为家庭设计，后来由于城市人口的增加，开始分户出租，继续发展，逐渐变成多户合住的集合式住宅。

1.1.2 邻里单元与街坊式小区：第一个五年计划时期的福利房时期

新中国成立初期至改革开放前（1949—1978 年）的住房建设基本围绕社会主义公有制和社会主义计划经济进行。住宅在大层面是国家调控与管理的工具，作为福利被宏观调控。福利房时期中的住房是整个社会分配的范畴，虽然没有针对低收入群体的特殊住房，但所有住宅均存在针对全民的保障性的属性。福利房时期房屋发展线路较为单一，但影响的因素更为具体，可以分为城市化因素、政策因素和外部因素三种关联因素。

城市化因素自新中国成立初期便显示出高速发展的倾向，第一个五年计划期间全国新建城市 6 个，大规模扩建城市 20 个，一般扩建城市 74 个。城市化因素直接带来了住宅紧缺的现象，使高层住宅在 20 世纪 70 年代进入人们的视野并用于解决城市问题，例如北京前三门高层住宅。

政策因素是福利房时期最直观的影响因素。新中国成立初期生产力低下和住房短缺，住宅也被纳为实物补贴，由中央统一进行分配或廉租给工人，这种社会主义计划经济的策略始终影响着福利房时期的住房供给。新建住房忽视基本的使用要求，片面强调经济性，以间排列便于分配，形成宿舍式或行列式低层住宅，例如北京和平里 5000 宅与降低标准的 303 住宅设计。同时，对旧住宅进行修缮或将没收住宅变公房进行统一分配，使近代的许多住宅得以继续行使其居住功能。

外部因素主要指西方住宅及规划思想的引入，对新中国成立后的住宅在建筑标准、建筑生产及住区规划三方面产生重要影响。随着大规模城市住宅的建设，西方的邻里概念在规划设计中被设计师借鉴。如 1951 年开始修建的上海曹杨新村在某种程度上就采取了邻里单位的形式。整个居住区总面积 94.63hm^2，居住区中心设置公共建筑，从中心到边缘步行只需要 7~8 分钟（图 1–3，图 1–4）。

在“一五”（第一个五年计划）期间全面学习苏联的背景下，我国逐渐将苏联的住宅建筑标准、街坊规划和建筑生产各个方面引入。在建筑标准上，将苏联定额指标体系的设计方法引入中国，特别是将人均居住面积作为重要参考对住宅进行设计。然而由于苏联与中国国情存在巨大反差，苏联城市的人均 9m² 居住面积与中国城市当时人均 4m² 面积产生了巨大的差异，设计出来的住宅最终导致多人合居的局面。即使在后期进行反思之后，国内一直也以人均居住面积为住宅的控制指标进行设计，设计标准也逐渐与实际使用相结合。在建筑生产上，苏联计划经济体制下的“设计标准化、生产工业化、施工装配化”提供了高效建设的思路，典型的有 2-2-2 体系住宅，即每个单元由三个两户式组成的住房。这种标准化间组合的思路与国内发展工业的路线相一致，至今仍对国内住宅产生影响。住区规划上，苏联的“住宅小区”规划和周边街坊式住宅规划也影响了我国的传统住区布局（图 1-5，图 1-6）。

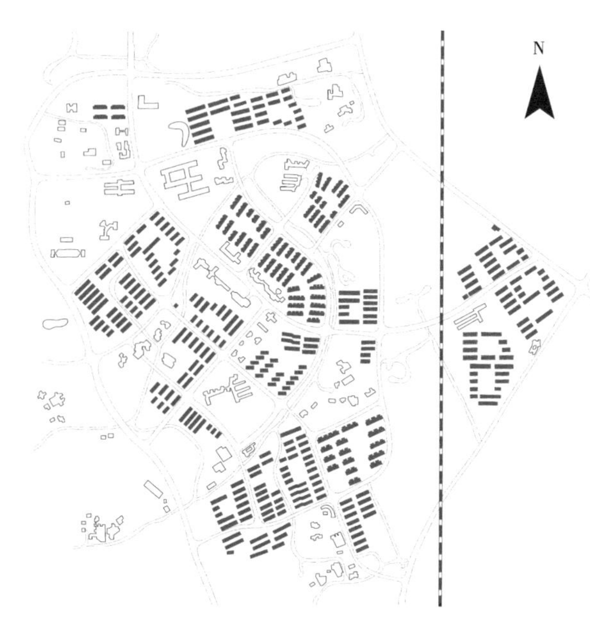

图 1-3　上海曹杨新村总平图（图片来源：贺宇婷根据参考文献 [1]P123 绘制）

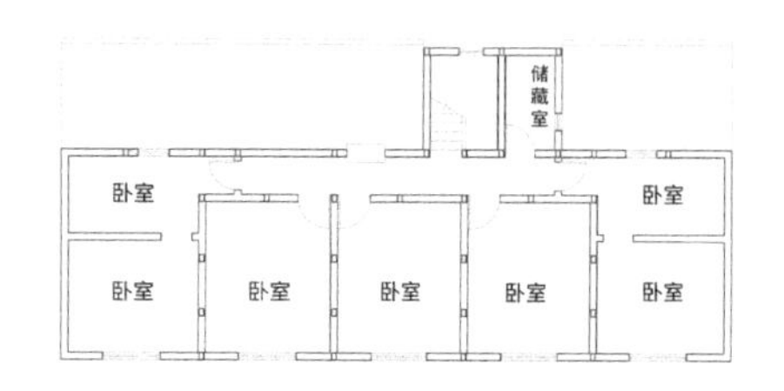

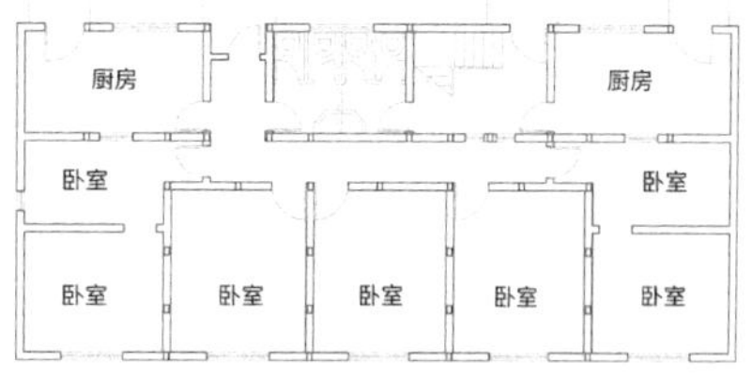

图 1-4　上海曹杨新村平面图（图片来源：贺宇婷根据参考文献 [1]P123 绘制）

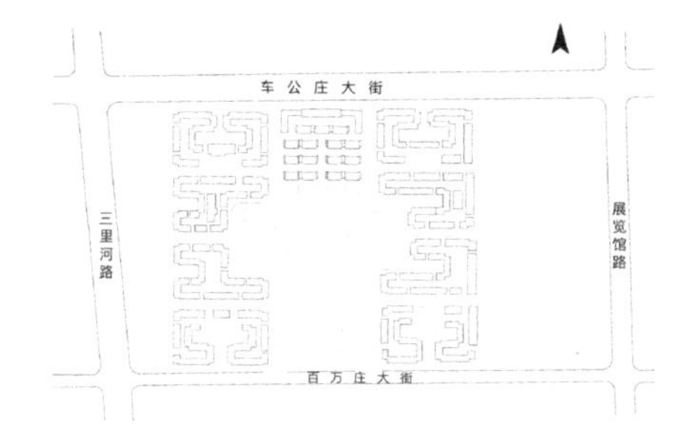

图 1-5　北京百万庄小区街坊式住宅小区布局（图片来源：苗清淳根据参考文献 [1]P130 绘制）

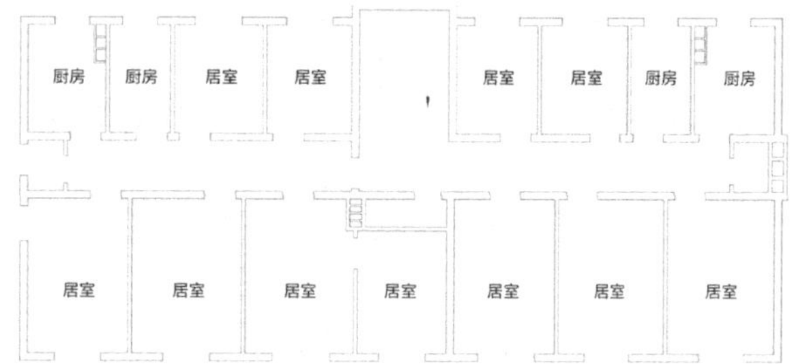

图 1-6　55-6 住宅设计（303 住宅），将人均 6~9m² 的居住面积降低到 4~5m²/ 人的标准（图片来源：苗清淳根据参考文献 [1]P132 绘制）

1.1.3 标准化和多样化的协同：改革开放初期住宅的发展

1978 年党的第十一届三中全会后，开始了中国特色社会主义市场经济改革，确认了城市建设在国民经济中的重要地位，城市住宅建设也进入成长期。住房在计划经济下的分配模式开始向市场经济下的商品房模式过渡，即由实物福利分配向货币工资分配转型。

但在改革开放初期，住房商品化还未正式进行，住房建设和分配依然沿用着计划经济的系统，即对城市居民的住房标准的控制。但是随着国民经济的恢复和人民生活水平的提升，提高住宅面积标准成为首要的任务。在党的十一届三中全会即将召开之时，1978 年 10 月 20 日邓小平同志视察了北京前三门住宅楼，对改进住宅设计提出了要求：设计要力求布局合理，增加使用面积，更多地考虑住户的方便，如尽可能安装一些淋浴设施等。还要注意内部装修的美观，要多采用新型轻质建筑材料，降低住房造价。[1]

1981 年，国家将居住标准提高，明确了四类住宅标准以适应不同的人群，住宅面积从 $42m^2$ 增加到 $90m^2$（表 1–1）。住宅标准化的政策势必容易带来设计单一化的趋势，在改革开放初期，许多设计研究单位为了平衡标准化和多样化，作了许多尝试。在标准化的建设模数限制下，尽量用组合的方式形成相对多样化的设计。这种组合单元住宅的形式在 20 世纪 80 年代至 90 年代成为国内集合住宅设计的参考（图 1–7）。这个时期为了鼓励设计创新，国内的建设部门也纷纷展开住宅设计竞赛，如 1978 年北京市土建学会组织的两轮“北京市多层职工住宅设计竞赛”，1982 年北京市建筑设计院举办的高层住宅方案竞赛等，这些竞赛的成

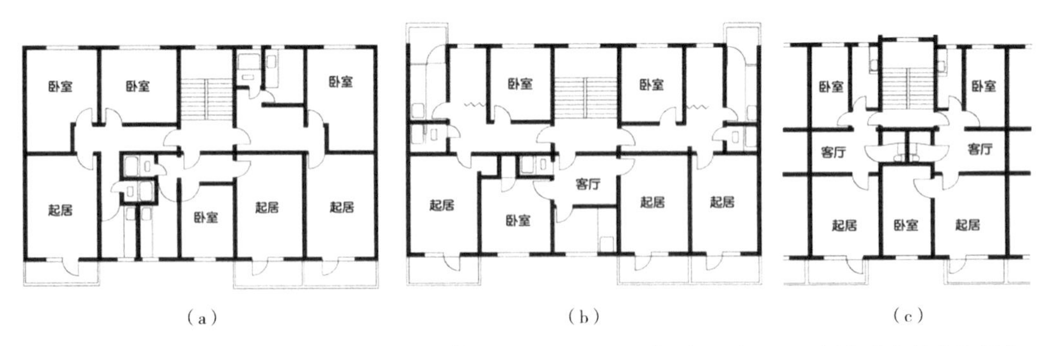

图 1–7 （a）5 开间 3.6m 划分为两个厨房，单元居室为 3–2–2；（b）5 开间 3.9m 划分成小居室和厨房，单元居室为 3–2–3；（c）3 开间运用 3.9m 和 2.7m 开间，在 20 世纪 80 年代北京大量应用（图片来源：毕佳璇根据参考文献 [1]P211 绘制）

---

[1] 陈绮，赵景昭．回眸五十年，广厦千万间：住宅设计五十年回顾 [M]// 北京市建筑设计研究院．住宅设计 50 年：北京市建筑设计研究院住宅作品选．北京：中国建筑工业出版社，1999：8.

果纷呈，经过编辑整理后逐渐被编入住宅的标准图集和规范，成为全国住宅设计的指导[1]（图 1–8）。

图 1–8　1980 年 6 月北京市建委发布的《大规模住宅体系标准化图纸》，其中北京市建筑设计院编制的 81MG3 户型等被广泛作为参考使用（图片来源：吴定聪绘制）

国家建委对职工住宅设计标准（1981 年 10 月 13 日）　　表 1–1

分类	每户平均建筑面积	适用人群	备注
第一类	42~45m²	新建厂矿企业的职工	边远地区和偏僻矿区的职工住宅，每户平均可高于此数，但最多不超过 50m²
第二类	45~50m²	城市居民、老厂矿企业、县级以上机关、文教、卫生、科研、设计等单位一般干部	
第三类	60~70m²	讲师、助理研究员、工程师、主治医师和相当于这些职称的其他知识分子；并适用于正副县长和相当于此职别的其他领导干部	
第四类	80~90m²	正副教授、正副研究员、高级工程师、正副主任医师和相当于这些职称的其他高级知识分子；并适用于国务院各部委和省市、自治区机关的正副司、局、厅长，行署正副专员级领导干部，以及相当于这个职别的其他领导干部	

1.1.4　我国城市社会保障性住宅的现状问题与发展趋势

自改革开放以来，我国城镇化进程稳步推进，2019 年完成了《国家新型城镇化规划（2014—2020 年）》中城镇化率 60% 的要求。2021 年政府工作报告中指出，在“十四五”期间应深

[1] 以当时全国规模最大的北京市建筑设计院为例，1978 年的住宅竞赛的成果被编制成“北京 80/81 住宅系列”的标准，如《大规模住宅建筑体系标准化设计》（1979）。1980 年 6 月北京市建委发布的《大规模住宅体系标准化图纸》，80/81 住宅系列组合被广泛运用，其中高层 81MG3、塔式 81MG4、传统 5 开间的 80MD1 最为流行，成为全国广泛实践的参考。

入推进以人为核心的新型城镇化战略，将城镇化率提高到65%。这表明国家在未来仍然会以推动城镇化进程为战略中心。在国家“十四五”规划中也提出了“有效增加保障性住房供给，完善住房保障基础性制度和支持政策。以人口流入多、房价高的城市为重点，扩大保障性租赁住房供给，着力解决困难群体和新市民住房问题。”这预示着未来房地产市场会以差异化调控为主，刚需群体、无房家庭仍然是住房政策的主要保护对象。

20世纪90年代之后，由于商品房的高速发展，保障性住房发展力量微弱，城市人口增加以及上涨的房价导致的住房压力与日俱增，急需对住房保障体系进行完善。2006年国务院发布的《关于调整住房供应结构稳定住房价格的意见》提出通过“限房价，竞地价”的方式进行建设招标，形成了“限价商品房”的新形式。2007年发布的《关于解决城市低收入家庭住房困难的若干意见》将保障房与政府公共服务职能挂钩，使保障房在实体建设与制度完善上有了实质上的进展，保证了保障房在建设量与政府财政投入上的稳定。2010年出台了《关于加快发展公共租赁住房的指导意见》，针对中低收入人群支付能力低的问题，将发展住房租赁市场和公共租赁住房作为解决途径。

经过十多年的高速建设，国内住房保障已经形成了基本的供应模式，但是针对中低收入群体，保障性住房的需求缺口仍然很大。并且在大规模建设过程中，暴露出保障性住房规划设计的矛盾与问题。一方面，由于市中心用地紧张，保障性住房多以住区的形式设置于城郊边界地区，远离城市核心地区，通勤成本增高，生活质量难以保证；另一方面，许多保障性住房项目仍以“商品房”的模式开发：单元式的住宅设计，行列式布局，套型适用性有限，公共空间环境品质较低。除此之外，由于土地拍卖的搭配性质，使得保障住房区虽然与高价的住宅区毗邻而居，但是配置资源各方面差异较大，常常导致在公共空间使用方面的矛盾与冲突。

2021年，国务院办公厅发布《国务院办公厅关于加快发展保障性租赁住房的意见》（以下简称《意见》），突出倡导住房的民生属性，扩大保障性租赁住房供给，缓解住房租赁市场结构性供给不足，推动建立多主体供给、多渠道保障、租购并举的住房制度。在发布的意见中同时明确了保障性住房体系主要以公租房、保障性租赁住房和共有产权住房为主体构成。

①公租房是指政府提供政策支持，限定户型面积、供应对象和租金水平，面向中低收入住房困难家庭等群体出租的住房。

②保障性租赁住房是指主要解决符合条件的新市民、青年人等群体的住房困难问题，以建筑面积不超过70m^{2}的小户型为主，租金低于同地段同品质市场租赁住房租金，准入和退出的具体条件、小户型的具体面积由市政府按照保基本的原则合理确定。

③共有产权房是指政府提供政策支持，由建设单位开发建设，销售价格低于同地段、同品质商品住房价格水平，并限定使用和处分权利，实行政策与购房人按份共有产权的政策性

商品住房。

《意见》中也明确了保障性租赁住房的基础制度，即明确对象标准、引导多方参与、坚持供需匹配、严格监督管理和落实地方责任。土地政策也相应有所调整，相关的城市规划、设计和建筑设计方面的指导意见和建议包括：人口净流入的大城市，可将产业园区工业项目配套的行政和生活服务用地占比提高，上限可从 7% 提高到 15%，用于建设宿舍型的保障性租赁住房；闲置和低效利用的商业办公、旅馆、厂房、仓储、科研教育等非居住存量房屋，在审批同意和权属不变的情况下，允许改建为保障性租赁住房；建设保障性住房的地点位置为优先安排考虑，应保尽保，主要安排在产业园区及周边、轨道交通站点附近和城市建设重点片区等区域。新建普通商品住房项目，可配建一定比例的保障性租赁住房。鼓励在地铁上盖物业中建设一定比例的保障性租赁住房。

从《意见》的发布来看，国务院不仅开始大力推动保障性租赁住房的建设和发展、统一明确了社会保障性住房的类型和基本标准，同时对于保障性住房在城市发展中的布局安排，特别是与城市更新和存量发展的密切关系，都给出了明确和详细的指导思想及意见。这对于设计和研究部门来说，可以明确有效地开展当下社会保障性住房的设计和研究。

1.2 国外当代社会保障性住宅设计的新趋势

由于世界各国社会性住宅发展的历史、社会、政策、文化等因素纷繁复杂、差异迥然，内容涵盖范围也极为广泛，此章节将不涉及这些内容，而是用一些典型的案例，来讨论“二战”以后，特别是 20 世纪 70 年代以来各国社会保障性住宅设计的新趋势，以此对我国当代社会保障性住宅的设计提供一些启示和借鉴。

1.2.1 回归街道：英国几代建筑师针对社会住宅的关注焦点

英国建筑设计界近代对于集合住宅设计的关注，从“二战”之后史密森夫妇对于 CIAM 城市设计的反思开始。彼得・史密森和艾莉森・史密森夫妇（Peter and Alison Smithson）在强调英国传统城市发展的基础上，提出城市分区的四个层级，即“住宅、街道、区域、城市”，尤其是“住宅”与“区域”之间应该由“街道”连接。在住宅设计中强调“街道”的因素，成为英国几代建筑师前赴后继的焦点。最著名的莫过于史密森夫妇设计的罗宾汉花园住宅项目，在高层建筑中设置了“空中街道”的因素。该项目可容纳 210 户、约 700 人，建筑由单身公寓和二至六居室的复式公寓组合而成。每三层有一条“空中街道”，即依据传统街道尺度的半室外的廊道，作为承接几层楼住户的公共空间，同时形成了上下层多种多样的跃层户型。设计者的初衷是在高密度高层的住宅中还原“传统街道”的模式，造成邻里依然可以正常交往的空间。然而由于多个人群阶层混居的模式，治安受到影响，甚至一度成为犯罪的温床，居民安全环境逐渐遭到破坏。近年来由于居住环境的恶化，罗宾汉花园开始被拆除，但是其作为建筑历史的价值应得到保护的呼声也同时存在（图 1-9）。

高层高密度社会住宅实验的失败，促使 20 世纪 60 ～ 80 年代的一批英国年轻建筑师开始探索低层高密度社会住宅的设计。尼弗·布朗（Neave Brown）设计的亚历山大社区社会住宅充分吸取了英国传统的联排住宅的特点，开创了以“街道”为主体的低层高密度住宅模式。传统英国联排住宅沿城市道路布置，入户直接与街道连接。布朗在此基础上，希望通过对使用者的精确定义，充分利用场地空间：住区选择罗里路步道作为主轴，连接城市级道路，替代传统住宅前过于公共的城市街道。并沿铁路布置通道以使住宅联排后北侧可以形成阻挡铁路噪声的屏障，形成对于住宅环境基本的把控；每户前门与道路联通，并退让分离出一个私有的室外空间，通过布置入户空间实现水平相邻住户间的辨别性。垂直交通则使用半室外形式并直接与人行道路连接，在顶层通过退让设置了空中街道，通过“直跑—折跑—空中廊道”的层次实现了竖向住户的辨别性。项目中亦体现出史密森夫妇倡导的“城市—街区—街道—住宅”的层次，并在街道与住宅间实现了“公共—半公共—半私密—私密”的空间分级，建立从“自愿”到“非自愿”的“人际交往层级”。布朗称这个项目为“城市的一小片”（a piece of the city）。他设计的福利特街（Fleet Road）住宅亦保留了低层高密度联排住宅之间的街道，他本人也一直住在这里直至去世（图 1-10）。

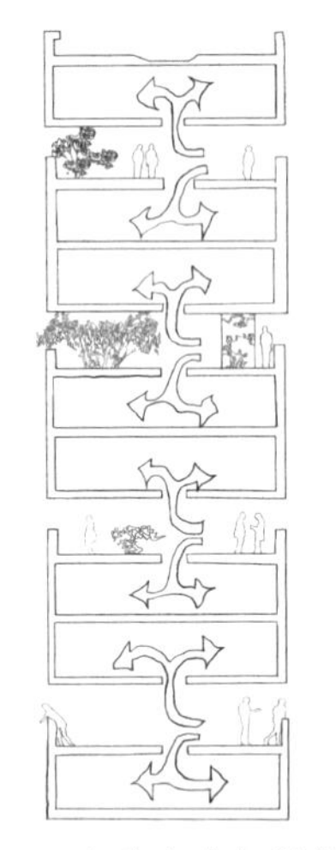

图 1-9　史密森夫妇设计的罗宾汉花园的剖面图解（图片来源：毕佳璇绘制）

图 1-10　尼弗·布朗设计的亚历山大社区退台式联排住宅，伦敦，1974（图片来源：作者自摄）

新的一代以设计住宅为主要实践的建筑师，如彼得·巴博（Peter Barber）和米凯·里奇斯（Mikhail Riches）等人，继续保持前辈建筑师的低层高密度社会住宅的设计原则，遵循传统的城市住宅和街道的肌理，视街道为城市居民交流的主要空间，同时在此基础上运用新材料、新技术，强调环保理念，关注弱势群体的需求等。彼得·巴博设计的伦敦唐尼溪住宅区（Donnybrook Quarter），在联排的三层住宅之中规划出两个方向的内部街道，内部街道约 7.5m 宽，形成邻里之间亲密的距离。街道交接处形成一个小型的广场，同时内部街道非常紧密地与周围的城市街道相结合（图 1-11）。他设计的赫尔莫斯路工作室（Holmes Road Studios）是专门为无家可归者提供的住宅，包括一些培训设置，两排一层半的住宅之间设置一片共享的庭院花园，设想居民们可以在此种植和交流，疗愈身心，增强自信心和群体感知体验（图 1-12）。米凯·里奇斯（Mikhail Riches）事务所获得 2019 年英国皇家学会（RIBA）斯特林奖的项目诺里奇郡（Norwick County）的金匠街（Goldsmith Street）住宅，被称为英国当代规模最大的被动式住宅。约 100 户低层高密度住宅，除了在联排住宅之间设置邻里街道、共享绿地等城市设计策略之外，该项目的建筑采用了“全被动式”的设计，大多数主要房间面向南，屋顶坡顶充分考虑到冬季和夏季的太阳角度，墙面材料和洞口尺寸也严格符合欧洲最严格的节能标准来设计（图 1-13）。

图 1-11　彼得·巴博，伦敦唐尼溪住宅区

图 1-12　彼得·巴博，赫尔莫斯路工作室

图 1-13　米凯·里奇斯，英国诺里奇郡金匠街住宅

1.2.2　多元化的混合居住：荷兰当代集合住宅设计的发展趋势

荷兰建筑师在“二战”前便开始为工人阶级设计住宅。其中阿姆斯特丹学派的建筑师戴克勒克（M. de Klerk）设计的“船屋”（het schip）被称为 20 世纪早期表现主义建筑的里程碑。这是 1913—1917 年戴克勒克为哈德住宅集团设计的三个项目之一，位于阿姆斯特丹斯番丹么街区、奥斯特让街和冉恩街交会处的三角地块，建筑沿着两条街道的边长达到 114m 和 116m，占地 4450m^2。一共包括 102 套工人住宅和从两居室到五居室的单元住宅，配套的

图 1–14　阿姆斯特丹“船屋”住宅区（陈苑苑提供）

图 1–15　阿姆斯特丹“船屋”立面（陈苑苑提供）

设施还有邮局、学校和议事厅。立面运用阿姆斯特丹学派具有代表性的红砖、红色陶瓦屋面、白色的门窗和线脚细部。整个建筑体量很大，材料使用多种多样，形态和高度错落有致，细部设计丰富且有想象力。这个项目不仅用经济型的平面设计服务于新兴的工人阶级，同时用典型的表现主义手法体现了时代的美学和品位（图 1–14，图 1–15）。

荷兰在“二战”后为了解决城市居住问题，一直本着标准化和工业化的思想推进住宅的发展，形成了成熟的设计思想和手法。由于荷兰土地稀缺，居住密度比较大，采用的建筑形式也以单元式、塔式、庭院式和甲板通道式的中高层建筑为主。在一些大规模的社会住宅营造失败的案例基础上，荷兰的建筑师和建设投资者开始组织以混合居住为核心的住房建设，以避免单一人群的居住模式导致高犯罪率等社会问题。[1] 到了 20 世纪末，荷兰的住宅存量已经较高，加上政府鼓励房屋购买的政策，许多国际一流的建筑师团队参与到集合住宅设计的实践中，出现了大量融合了建筑师新概念思想的多元化混合居住和复合功能的集合住宅。我们所熟知的 MVRDV 建筑事务所等国际知名的建筑设计团队都有大量住宅设计的实例和经验，并且不断地向前推进着集合住宅的设计理念的发展趋向。

MVRDV 建筑事务所在阿姆斯特丹成功建造的第一个住宅项目被称为 WoZoCo（1997 年）。它位于阿姆斯特丹西部的花园城市新区（Western Garden Cities），是典型的欧洲战后经过规划建设的新住宅区，由规划师凡·伊斯特仁（C. van Easteren）担纲设计，当时设计是为了缓解中心城区极速增长的人口压力，但是现状逐渐不能够适应当代的生活质量和标准，因此近年

[1] 这里指以 Bijlmermeer 小区为代表的二战后大规模的住宅新区建设。Bijlmermeer 新区位于阿姆斯特丹郊区，共居住有 5 万居民，是外来人口和低收入家庭集中的区域。建筑为清一色的高层板楼组合成六边形的形式。这里曾有着很高的犯罪率，近年在政府和多方的逐步干预下，犯罪率大幅度降低。从 1995 年的 2 万件降低到 2005 年的 8000 件。

来开展了大规模的更新和改造。WoZoCo 是一个改造项目，原建筑是一栋体量很大的板式住宅，其中共有约 100 住户，年龄都在 55 岁以上。但是根据新的标准，100 住户中的 13 户都不能获得基本的日照要求。MVRDV 建筑事务所的解决方案是将这 13 户朝北的公寓做大幅度的出挑，使其获得东西向的日照和景观，而其他大多数南向住户的户型保持不变。虽然悬挑构造会比常规建造增加 50% 的造价，但是综合下来则节省了总改造成本的 78%（图 1–16，图 1–17）。

MVRDV 建筑事务所在阿姆斯特丹设计的仓筒住宅（silodam）虽然不全然是社会福利住宅，但是却包含了商品住宅和福利住宅等多种多样居住的模式，探讨了混合居住、功能复合和弹性空间在集合住宅中的体现。建筑在 142 套不同类型的公寓和 15 个出租单元住宅中，分层加入共 600m^2 的零售空间和公共区域。整个建筑水平划分为四个部分，竖直方向依据公寓要求也对八层的高度进行划分，使各种户型的公寓都可以安排进入建筑的网络中，单元的面积和外立面材料使用也反映了户型和价格的不同。多样的房型使不同种族、职业、身份的人均可以在楼内生活。在此基础上，为了使内部形成邻里关系，将公共空间用来串联各个区块单位：走廊在建筑中被拓展为“游览步道”，在同一层不同的区块内，其颜色、位置和形式也不同——靠海的外廊、靠近街景的外廊、色彩艳丽的内廊、有垂直交通的通高空间等。这种曲折的形式使居民有兴趣穿行于不同风格的区块间；建筑内设置了图书馆、美术馆等设施用以满足高层住户的日常需求，同时可以吸引各个区块的邻里聚集在一起进行交流；首层抬高了半层的高度，使人必须经过大台阶才能进入架空的空间，并在这里选择垂直交通进入住宅。在厅的北侧用同样的阶梯与二层屋顶相连，形成了一个连续的拔高空间，居民可以通过楼梯攀爬到达海景平台；在部分层使用各种手法丰富了空间层次，如在八层西侧设置通高露台。在仓筒住宅的设计中，公共空间服务于多元化居住共同体的总体结构，未经过刻意组织却仍然焕发出生命力和多样性（图 1–18）。

图 1–16　MVRDV 建筑事务所设计的 WoZoCo（图片来源：张弛提供）

图 1–17　WoZoCo 将不符合日照标准的户型用悬挑方式获得东西向阳光（图片来源：张弛提供）

图 1–18　MVRDV 建筑事务所设计的 Silodam（图片来源：张弛提供）

1.2.3　基于生活方式的设计：日本当代集合住宅对于公共空间的拓展

20 世纪 50 年代日本成立了住宅公团（JHC），希望开创一种全新的集合住宅建筑类型以容纳城市中产家庭，于是在全国开展了团地的建设。这种 20 世纪 60 ～ 70 年代建设的、大多位于较为偏僻的郊区的社会住宅，被称为“团地”，即“集体的”或是“群体之地”。团地上建设的公共住宅主要采纳西方和苏联的现代主义住宅模式，用简单有效率的模式，快速建造了大量的单元式住宅。这些团地公寓曾经一度受到国民的追捧，供不应求。到了 20 世纪 70 年代之后，日本的住房危机已经解决，团地热潮也逐渐消退。随着时间的流逝，团地带来的问题逐渐增长，建筑和公共环境质量下降，公共设施老化，人口老龄化，曾经的团地公寓不能适应当代的生活方式，逐渐被中产阶级摒弃，变成了弱势群体、年长者、单亲家庭、移民和孤独者的聚集地。团地住宅不仅没落了，而且还产生了大量棘手的社会问题。

日本大批量生产的现代家庭住宅一般用 *n*LDK 这个符号体系来代表[1]，是“二战”后公营住宅标准平面沿用下来的代号，代表着日本战后从传统的家庭模式转换为现代主义的核心家庭模式，成为主导集合住宅设计的思想。这也是受到西方影响的比较普适性的住宅模式。随着婴儿潮的出现，20 世纪 70 年代的城市需要大量高密度住宅，因此日本建筑界对于来自 CIAM 的“极小限住宅”的讨论也出现关注的热度，并且伴随着标准化、装配式住宅产品的成熟，出现了预制住宅的试验，如近年刚刚被拆除的东京中银胶囊塔（1972 年）。然而 *n*LDK 这种僵化的核心家庭模式是否能够继续适应当代的社会发展，在住房紧缺问题缓解之后，也给日本当代建筑师提出了很多疑问。尤其是近几十年来随着日本社会高龄化和少子化现象，家庭形式产生了多样化的趋势，人们对于住宅的需求也逐渐变得多样化。

“二战”后日本建筑师对集合住宅设计的参与和思考，从 20 世纪 50 ～ 60 年代的清家清、筱原一男等人开始；70 年代在全面废除高层建筑限高之后，一些建筑师提出的具有乌托邦性质的城市设计方案，如菊竹清训的“海上城市”（1958 年）、黑川纪章的“东京计划 1961”（1961 年）和大高正人的“神田・大手町地区计划”（1963 年）等，现在看来都非常具有批判性和前瞻性。

20 世纪 80 年代之后的日本集合住宅的单一性遭到越来越多的批评，住宅个性化和地域性的呼声也逐渐多起来。日本集合住宅发展到了一个精细化发展期，90 年代之后的日本建筑师进行了深入的反思，他们大量地参与到集合住宅设计中，从人的生活方式和需求出发，打

---

[1] *n*LDK 形制，*n* 指的是独立的卧室数，L 为起居室，D 为餐室，K 为厨房。如 2LDK 是指有 2 间卧室，1 间起居室，并带有餐室和厨房，或 LDK 三者合用灵活分隔的公寓房。

破 nLDK 的常规模式，创新出多样化的公共空间形式。而日本居民对于住宅的审美和功能需求，也是日本当代集合住宅创新的一个重要因素。SANNA 建筑事务所（以下简称“SANNA”）设计的岐阜 Kitagata 系列公寓（1994—1998 年），总共包括 420 户社会性住宅。其中北楼一共 10 层，共有 107 家住户。底层架空容纳停车和进入单元的交通，整个板楼为单侧外廊形式，另一侧为住户的阳台和延伸空间，中间为一个进深的居住单元。整个板式建筑厚度只有 8m 左右，大多数住户都有跃层，通过多种多样的组合方式，形成多样化适合不同人群居住的室内空间。公共的共享空间也多种多样，除了功能上，如餐厅厨房、室外平台、日式房间等；在形式上也避免千篇一律，在高度上有多个模数的组合。公共部分在外廊一侧用多个外部楼梯相连，在立面上打破重复呆板的单元模数形式。外部材料也大量使用半透明的钢网架，同时在南北两侧由外廊空间和住户阳台形成的过渡空间，体现了日本传统住宅的灰色空间元素——“廊台”的空间美学（图 1-19）。

进入 21 世纪以来，日本人口数量和家庭规模都在不断缩小，单身青年人口增加，老龄化、少子化程度提高。这种社会的变迁，使得房产市场也更加向着以消费者需求为基础的方向发展。一种新的住宅形式——共享住宅也应运而生并且迅速增长。共享的模式包括青年交往型、代际混居型、家庭合作型和养老介护型。青年交往型的案例有筱原聪子和内村绫乃设计的东京矢来町共享之家、名古屋的 LT 城西，Onedesign 建筑事务所设计的横滨公寓等。矢来町共享之家位于市中心，共 3 层，限高 10m。8 个住户分别住在 2.7m 高的盒子里，盒子之外为共享的空间，分布于三层，有起居室、盥洗室、浴室、公共书架和餐厨空间（图 1-20）。由于老龄化与少子化形势日益严峻，日本家庭结构的改变导致了人们对住宅空间的需求也发生了改变，以直系亲属为核心家庭的祖孙三代居也逐渐成为城市常见的居住模式。

图 1-19　SANNA 设计的岐阜 Kitagata 系列公寓，1994—1998 年（图片来源：SANNA 事务所官网）

图 1-20　筱原聪子和内村绫乃设计的东京矢来町共享之家（图片来源：徐子提供）

1.2.4 挑战常规的类型和生活方式：以 BIG 建筑事务所为代表的北欧建筑师的住宅实验

斯堪的纳维亚（Skandinavien）国家优越的社会福利制度，使得他们在社会保障性住宅建设和设计方面在欧洲都处于领先的地位，因此以 BIG 建筑事务所（以下简称“BIG”）为代表的年轻一代北欧建筑师在集合住宅设计方面有着突出的成绩。BIG 善于挑战常规的建筑类型和人们的生活行为方式，在住宅的混合性、杂糅性和公共性方面不断地探索和创新。他们设计的最出名的“8”字宅，便是将常规的单廊多层住宅变形成为一个“8”字，从底层到顶层用坡道连接，连接各户的坡道不仅是内部住户之间的通道，也成为城市街道的一部分，将建筑与城市的连接变得更加紧密，而且“8”字交叉的“纽结”部分还形成了 $500m^2$ 的富有想象力的社区共享公共空间（图 1–21）。造型抢眼的“V”和“M”住宅在外形上模拟字母的形态，用戏剧性出挑的阳台创造出城市的奇景，同时在内部将 80 种不同的户型相互组合，如同三维的拼图游戏。BIG 设计的称为“山房”的集合住宅，出乎意料地将住宅叠加在已有的停车楼之上，形成“山”一样的斜坡，住宅和停车楼之间的间隙如同山的断崖和峡谷。从顶上看，80 户住户都有足够的采光，每户有顶层的小花园，共同形成一片绿色的山丘。将两种不同的类型和尺度的建筑糅合在一起，是 BIG 常用的设计思路和手法（图 1–22）。

2017 年 BIG 在丹麦比隆（Billund）设计的威力维街（Vejlevej）11 号集合住宅总面积 $6600m^2$，包括 25 户社会保障性住宅、10 户老年住宅和 28 户廉租公寓。建筑位于一个街道的转角，每一户都像方盒子一样叠合起来，相互交错形成阳台。建筑立面用砖块，开洞从中间向转角逐渐增大，阳台扶手用透明玻璃。建筑整体体量简单，材料统一，有足够的坚实感和宁静感；然而虚实对比强烈的外立面和错落的小体量，在静态中不乏动感和韵律（图 1–23）。

图 1–21　BIG 设计的哥本哈根“8”字宅（图片来源：卢颖姗提供）

图 1–22　BIG 设计的“山房”住宅（图片来源：卢颖姗提供）

图 1–23　BIG 设计的威力维街（Vejlevej）11 号集合住宅（图片来源：BIG 官网）

1.2.5 “永不拆除”：法国建筑师拉卡顿和瓦萨尔的格言

“二战”后法国的社会住宅建设经历过一段高峰时期，尤其是在所谓的大巴黎地区（Grand Paris），包括巴黎的14区和周围的郊区出现了许多富有创意的、质量上乘且规模很大的社会住宅设计，如里卡多·波菲尔设计的后现代主义风格的拱廊住宅以及大努瓦西住宅区，都是当时为低收入家庭设计的住宅（图1-24~图1-26）。然而，这批20世纪70～80年代设计的住宅区目前均面临着缺少维护、犯罪率高等社会问题的窘境。

虽然，过去的二十年里在政策上有过很多起伏和争议，但法国在社会住宅的建设方面依然是很成功的：2000年颁布的“城市团结与复兴法规”法规鼓励全国范围内社会住宅的建设，最终希望达到新开发住宅的25%都是社会住宅的目标。法国2001年至今总共增加了11000套新的社会住宅。新的住宅设计的关注点不再是超大尺度的社区，而是提供人居尺度的居住；新的住宅更多地依赖城市更新和改造的方式，而不是拆除重建。控制租赁上限的住房不仅仅供给低收入家庭，也提供给中等收入家庭，或是特殊职业群体如教师、消防员和护士等。

2021年普利兹克奖获得者拉卡顿和瓦萨尔（Lacaton & Vassal）多年来实践了大量的社会住宅，他们的格言是：“永不拆除，永不减少、去除或是取代。为了居民，总是添加、改变和应用。”他们十年前设计的巴黎17街区的波利斯·勒·普拉特大楼（Tour Bois le Pretre）就是改造了一栋60年代的住宅楼，增加了阳台和“冬季花园”，改善建筑的热效应，增加日照和空气流通。依据这个方法，在2011—2016年期间，他们实施了“530个住宅单元改造”项目，即对波尔多3栋20世纪60年代建造的10~15层的住宅实施改造。设计师在没有大幅度改造结构和交通系统的基础上，给几乎每一户增加了3.8m宽的阳台，称之为“冬季花园”。

图1-24　马丁·范·特雷克（Martin van Trek）设计的巴黎19区法兰德斯住区

图1-25　里卡多·波菲尔设计的法国伊夫林地区圣康坦住宅区（图片来源：波菲尔事务所官网）

图1-26　里卡多·波菲尔设计的巴黎大努瓦西住宅区（图片来源：波菲尔事务所官网）

图 1–27　拉卡顿和瓦萨尔的 530 个住宅单元改造，外立面改造之前和之后的对比（图片来源：拉卡顿和瓦萨尔建筑事务所官网）

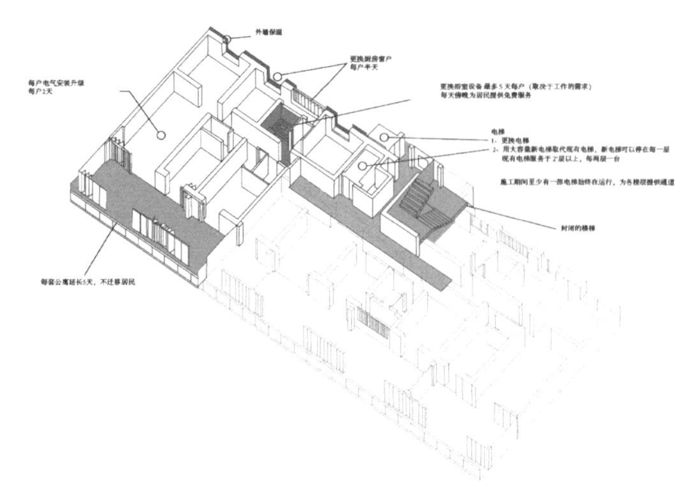

图 1–28　530 个住宅单元改造的说明：增加宽阔的冬季花园，改造卫生间，改善交通系统，并附有所花费的施工时间（图片来源：吴定聪绘制）

除此之外，每户家庭的外立面门窗和卫生间都得到更新改造，而所有这些改造都是本着居民不必搬迁，在尽可能少的施工时间内，获得更多的阳光、空气以及基本设施的改善。建筑原本的外立面也利用增加的阳台赋予了新的外表（图 1–27，图 1–28）。

近年法国的社会住宅项目的规模和位置也逐渐变得更加趋近城市中心，而不是偏远的郊区；新建筑也开始让位于改造和更新旧建筑。最为极致的例子就是巴黎市中心位于第一区的莎玛丽丹的改造。这座豪华的 19 世纪的百货大楼有着悠久的历史，目前由路易威登拥有。2005 年关闭之后开始进行改造，最近重新开放。新改造的项目除了保留和保护了历史悠久的新艺术运动的室内设计，最大的亮点是 SANNA 在一侧改装的波浪形玻璃幕墙。除此之外，这座巴黎最核心位置的新综合体包括 2 万m^2 的零售、旅馆和 1.5 万m^2 的办公空间，并且还容纳了由弗朗索瓦·布隆格尔建筑事务所（François Brugel Architects）设计的 96 套社会住宅和一个托儿所。这种在国际大都市寸土寸金的中心位置安排社会住宅和相应的福利设施，在一定程度上代表了未来社会住宅的趋向，即更加本着城市更新、混合利用、社会公平、可持续性发展以及绿色环保的理念进行发展（图 1–29，图 1–30）。

图 1–29　巴黎中心的莎玛丽丹综合体改造（图片来源：《建筑评论杂志》）

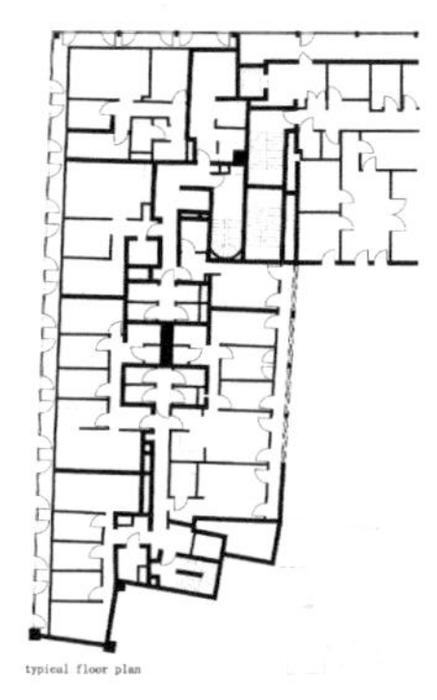

图 1–30　莎玛丽丹综合体内由弗朗索瓦·布隆盖尔建筑事务所设计的社会住宅标准层平面（图片来源：吴定聪绘制）

1.3　我国当代社会保障性住宅设计的新挑战

集合住宅设计，特别是社会福利性质的保障住宅设计与政治、经济、政策、国情、文化、传统及人们的生活方式息息相关，在每一个历史阶段都有着迥然各异的表现。规划和建筑设计仅仅是很小的一部分。从当代全球范围的大城市来看，社会结构改变、人口老龄化、少子化成为新趋势。如何在住宅设计中适应这种变化，同时密切关联到城市社区的营造、城市存量的更新改造，以及回应社会公平、科技进步、数字网络、环境保护、低碳减排等多种新时代的发展要求，显然是摆在我国当代社会保障性住宅设计面前的新挑战。

近年来国内具有远见的开发商和建筑师开始逐步涉猎社会住宅领域中，建造出一些优秀的作品。如张永和与崔愷团队联袂在北京焦化厂附近设计的5000多套公租房以及周围街道环境规划，开始秉承着“开放街区、围合空间和混合功能”的设计理念，打造出一个多功能的复合社区。再如MAD建筑事务所（以下简称“MAD”）在北京设计的百子湾公租房燕保·百湾家园，上海高目建筑设计咨询有限公司（以下简称“高目”）设计的上海龙南佳苑和临港双限房等项目，上海中房建筑设计有限公司设计的上海五里桥路公租房，以及由万科开发并运营、中国建筑设计研究院有限公司设计的北京成寿寺集体土地租赁住房等。

马岩松带领的MAD设计社会保障性住房项目——燕保·百湾家园，自2019年建成以来，具有很高的媒体关注度，被称作“最美公租房”。这个项目位于北京市东四环外广渠路，项目占地9.39万m^2，总建筑面积47.33万m^2，共有12栋住宅楼，总住户达4000户。作为事务所的第一个社会住宅项目，MAD希望能够在具体实践中突破常规，用设计推动中国社会住宅创新，让空间和建筑服务于人，让庞大的社区消融于城市和居民的生活，唤醒住宅的社会性，解决目前中国城市快速发展中关于居住的一系列具体问题。该设计打开社区围墙，引入城市道路。12栋住宅楼分成六个组团，一个大地块被拆分成6个小街区。首层临街空间作为生活服务配套，引入便利店、咖啡店、餐厅、幼儿园、便民诊所、书店、养老机构等一系列丰富的功能，社区生活融入城市，城市尺度更加宜人。把首层功能还给城市后，MAD将二层留给社区居民内部使用，形成一系列立体的屋顶绿化，一条环形跑步道将6个街区再重新环抱成一个整体，变成一个巨大的公园，串联着健身房、羽毛球场、儿童游乐场、生态农场、社区服务中心等多种面向住户的社区功能。燕保・百湾家园在建成3年多后，已经达到很高的入住率。首层的配套服务也逐步在增加，从笔者2024年10月的走访来看，已经有了超市、理发店、食品店、社区食堂（小饭店）、快餐连锁店和社区养老机构。原来设计的公共功能，如连接几栋楼的空中健身房，也开始运营起来。社会住宅的设计和运营之间的平衡和调整，需要假以时日，慢慢探索（图1-31）。

高目在2018年设计建成的上海龙南佳苑，位于上海市徐汇区天钥桥南路夏泰浜路路口，南面紧邻黄浦江。小区共有八栋建筑，其中五栋为成套小户型住宅（户型建筑面积为40~60m^2），两栋为成套单人型宿舍（户型建筑面积大部分为35m^2），一栋为独立商业建筑。规划层面：在2.2的容积率要求下，并且东、西、北侧有大量现状住宅需要考虑日照影响的情况下，采用北面为四栋相对的7层U形半围合多层廊式住宅以对应复杂的日照计算；南面采用逐级变化的三栋高层住宅来减弱住宅区规划对日照计算的依赖，这三栋远离日照纠葛的高层住宅自西向东分别是12层的对跃小户型住宅、7~12层的廊式小户型住宅、8~17层的宿

图1-31　MAD设计的北京百子湾公租房（燕保・百湾家园）（图片来源：MAD官网）

舍型住宅。龙南佳苑放弃以往高层低密度的行列式住宅小区模式，探讨住宅高度与密度对居住舒适度以及景观视野的影响，形成不同高度层面的半围合和全围合院落空间。逐级跌落的屋顶平台不仅创造了丰富的屋顶活动空间（它们是花园亦是观景阶梯），并且让更多的阳光照入长满花草、树木的院落。北侧多层区有大量架空两层的半室外空间和处在一、二层的公共活动室，而住宅北廊每隔一两层都会有一个凸出的公共露台来迎接东西向的阳光，这些公共空间在小户型背景下，是廉租房建筑取得平衡和高效的一种策略。最后设计师还充分考虑了后公租房时代的用途，研制出大混凝土框架 7.6m 高、内嵌钢结构 2.8m+2.0m+2.8m 的两个错跃层小户型的框架结构住宅。这个住宅除了在当下空间不大的住宅及公租房规范里挑战一下超小户型的空间变化以外，也为后公租房时代使用的多样性提供了无限可能（图 1–32~ 图 1–34）。

除了面向低收入家庭的安置房和公租房，城市青年的小型出租公寓也是未来社区和城市发展的一个趋势。万科泊寓品牌就是专门面向城市青年开发和运营的长租型公寓。近年来有不少优秀的作品也越来越多地出现在城市中，如北京西直门泊寓改造项目（2019 年），成寿寺集体土地租赁住房项目（2020 年）和广州万科棠下城中村改造泊寓（2017 年）等。成寿

图 1–32　上海龙南佳苑（图片来源：高目官网）

图 1–33　上海龙南佳苑室内（图片来源：高目官网）

图 1–34　临港双限房（图片来源：高目官网）

图 1-35　北京丰台成寿寺集体土地租赁住房项目的外观与公共客厅（图片来源：笔者自摄）

寺集体土地租赁住房坐落于北京市丰台区，位于南三环路方庄桥西南角，总用地规模 $1.125hm^2$，总建筑规模约 4.75 万㎡，其中地上建筑面积约 2.88 万㎡，容积率 2.8。项目地上 24 层，其中 1 ~ 2 层为商业配套，其余为 901 套住房及公共服务设施；地下 3 层，含 1 层商业配套及 2 层机动车库。这个项目由万科开发并运营，由中国建筑设计研究院有限公司设计。该项目打出“城市青年家”的品牌，主要是服务青年人群，项目根据地域和社区人群的特点，汇集了居住、商业配套、创客办公、学习交往、线下活动等复合功能的“居住综合体”。户型每套 $25m^2$，每套租金不超过周边市场价格。主要公共区域包括 $500m^2$ 的“城市客厅”、共享书吧、健身房、服务台等。建造采用装配式建筑技术，户型标准化，室内利用模块形成几种类型，用装配式家具快速搭建（图 1-35）。

1.4　结语

当代城市社会保障性住宅的发展在全世界各地各有千秋，与世界各个城市和区域的历史文化、自然气候、政治经济等因素都息息相关，具有千丝万缕的关联。因此，对其研究需要超越一般性的规划和建筑设计层面，我国从 20 世纪 50 年代到改革开放之间的集合住宅设计由于计划经济的原因，基本上具有社会住宅的特性。然而从住房商品化之后，社会性住宅的设计和研究相对滞后，直至最近几年逐渐开始受到重视，一些具有理想的从业者开始积极面对社会住宅的设计问题，在实践和研究中不断摸索前进。欧美和日本等国家在社会住宅设计发展中面临的问题，经历的一些过程，甚至失败与教训，在很多方面对我们有着借鉴意义。

到了 21 世纪 20 年代的今天，我们则更应该意识到人类的共同性，即社会面临着共同的威胁和挑战——人口增长过快以及老龄化问题，气候变化、环境污染、生态破坏带来的环境、能源安全、公共卫生、粮食安全、核扩散、恐怖主义以及移（难）民问题，等等。在这个前提下，人们应该抛弃种族、国家和意识形态的分隔，作为地球上的一员来思考如何应对共同的问题和挑战。在社会住宅设计方面，全球的城市应当都在一个轨道上，更加聚焦在如何应对日渐严重的城市老龄化、少子化和社会公平问题，以及迫在眉睫的绿色环保等方面的问题。

（何可人　撰写）

参考文献

[1] 吕俊华，彼得·罗，张杰 . 中国现代城市住宅 1849—2000[M]. 北京：中国建筑工业出版社，2003.

[2] L.V. 杜因，S. 巴尔别里 . 从贝尔拉赫到库哈斯：荷兰建筑百年 1901-2000[M]. 吕品晶，等，译 . 北京：中国建筑工业出版社 ,2009.

[3] 张昕楠，班兴华 . 日本共享住宅模式与设计策略研究 [J]. 新建筑 ,2020（5）: 50-55.

[4] 郑慧瑾，张佳晶 . 以梦为马：MAD 与高目的社会住宅实践 [J]. 建筑学报 ,2022（6）:18-25.

[5] 邱伟立 . 日本集合住宅设计发展历程研究 [D]. 广州：华南理工大学，2010.

[6] LEUPEN B，MOOIJ H. House Design: A Manual[M]. Amsterdam: NAi Publishers，2012.

[7] KARAKUSEVIC P，BATCHELOR A. Social Housing: Definitions & Design Exemplars[M]. London: RIBA Publishing，2017.

[8] ZHANG J ed. A Tale of Two Cities，Joint International Design Studio: 2015-2020[M]. London: University of Westminster Press，2020.

[9] LYNCH P，LYNCH C，PORTER D ed. Part of a City，The Work of Neave Brown Architect[M]. London: Canalside Press，2022.

第2章　后疫情城市的“群岛”模式

2.1　介绍

阿多诺曾说，我们应当学会“在家的时候却仿佛不在家。”[1]

史密森夫妇采用过“居住的艺术”（art of inhabitation）[2]来形容人们如何将自我融入环境中。在当代通信和物流技术的背景下，曾经是最私密生活的家居室内空间被征用，变成会议室、瑜伽工作室、托儿所、舞台，甚至疗愈和生产的场所。似乎就是一夜之间，我们的公共行为便驻扎于我们的私密场所。在很长一段时间内，我们都变成了日本人形容的蛰居族（Hikkomoris）——从外部世界逃避到家中的人群。

然而，也许带有一定矛盾性，我们的这种退居到户内的行为反而强化了城市的户外空间。从公园、花园、广场到屋顶，甚至是人行道，现在都成为喘息、疗愈和短暂逃离的珍贵场所。

在我们的家居和美好的户外场所之间，我们家庭之外的城市剩余空间也从根本上被改变了。剧院、博物馆、图书馆、俱乐部、健身房、商场和办公室都被迫关闭，公共交通被削减。当世界在一轮又一轮的感染、大规模免疫和隔离政策的松紧之间战栗行走，许多娱乐场所、零售商店和工作场所永久关闭了，留下城市中心大量的空置痕迹。

在上述背景下，人们不禁会思考，城市生活的紧缩造成的前所未有的现象，需要前所未有的方式来解决。

笔者将在本章中讨论当今危机的症状和可能的补救方式，通过重读一系列的经典作品，我们可能更好地理解这些问题。例如《城市中的城市，柏林：一个绿色群岛》（以下简称《城市中的城市》），1977年[3]由O.M.昂格斯（O.M.Ungers）、雷姆·库哈斯（Rem Koolhaas）、汉斯·科尔霍夫（Hans Kollkoff）、亚瑟·欧法斯卡（Arthur Ovaska）和彼得·雷曼（Peter Riemann）共同编著。虽然此书完成于四十年前，是为了回应柏林战后“变薄”的特定城市做出的宣言，但是笔者认为昂格斯等人的文字比任何时候都适用于当今，它给予我们一个激进和批判性的

1　ADORNO T. Minima Moralia: Reflections From Damaged Life [M]. New York: Verso，1974.

2　SMITHSON A，SMITHSON P. Changing the Art of Inhabitation[M]. London: Artemis，1994.

3　这本宣言起初1977年在柏林政治家之间流传，后来被康奈尔作为小册子出版。再后来被《莲花国际建筑评论（季刊）》1978年第19期收录。2013年出版了新的版本，由F. 赫特维克（Florian Hertweck）和S. 马洛特（Sebastien Marot）共同编辑。

视角，使我们可以在目前经历的疫情背景下，开始展现城市变化的结果（图 2–1）。

2.2 昂格斯与城市中的城市

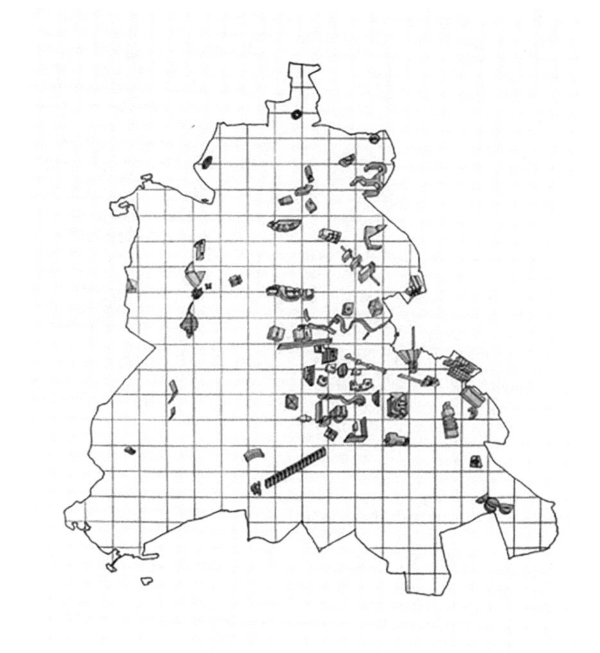

图 2–1 O.M. 昂格斯等，展示都市岛屿的柏林地图，或称为“城市中的城市”

奥斯瓦尔德·玛蒂亚斯·昂格斯（1926—2007 年）是一位有影响力的德国建筑师，他作为一名实践者、作家和教育家，形成了“二战”后应对现代主义和城市发展的一股批判性的力量。他的建筑作品被称为与历史相关联（他受到辛克尔作品的巨大影响），并且同时寻求在元素形式上独立的语汇。

今天，昂格斯也许最广为人知的是他对库哈斯的影响，后者曾是昂格斯的学生，1972—1978 年，昂格斯在康奈尔大学建筑系任教期间，库哈斯也是他的同事。[1]

昂格斯吸引库哈斯的部分原因，是他对于可辨别的无尺度性在建构方面的探讨，这是从形式转换到超形式（grossformen），从建筑类型学到城市形态学的前提。我们可以认为超形式概念是后来库哈斯极端化的“大”（Bigness）概念的前奏。

在大尺度的城市形式和城市的关系方面，昂格斯和库哈斯的思想是平行的，这点在他们的纽约罗斯福岛设计竞赛方案中表现得很明显（图 2–2）。

昂格斯在超形式建构方面的兴趣源于他对于柏林的城市形态研究，特别是它“二战”后几十年中的进化。“二战”的毁灭性破坏，随后冷战期间的实践和管制，以及全球化发展趋势下的郊区化，都逐步导致了城市的人口减少和“缩减”。重建东西柏林的努力在本身是意识形态的宣扬，从东柏林受到苏联社会现实主义影响的卡尔·马克思大道的纪念性轴线，到后来在西柏林开阔景观中的现代主义的板楼和塔楼。除了以上明显的区别，这些规划总平面

---

[1] 昂格斯在 1968 年学生抗议活动之后离开他供职的柏林工业大学，于 1969 年执掌康奈尔大学的建筑系主任一职。

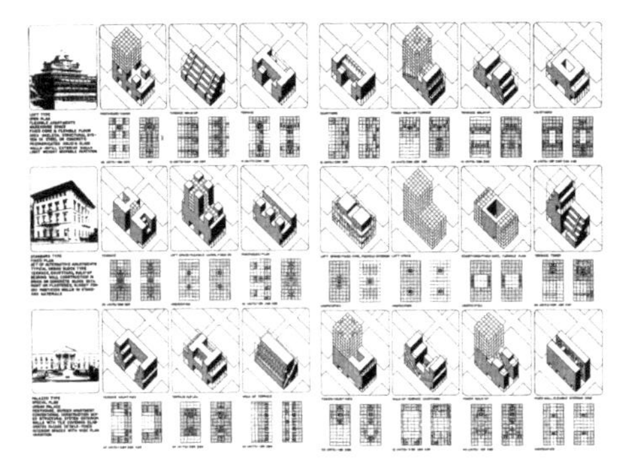

图 2–2　昂格斯的罗斯福岛方案，1975 年（图片来源：昂格斯建筑科学档案官网）

图 2–3　波茨坦广场鸟瞰，1964—1965 年（图片来源：柏林美术馆档案官网）

的共同点是试图在城市中强加一个崭新的、整体的、修复性的秩序。昂格斯眼中的柏林则是不同的，它不是一块白板，而是一个将识别性建立在多样化片段上的城市，这早在发现问题的战后几十年之前就已经存在了。

在写作《城市中的城市》宣言之前，深虑城市未来的昂格斯已经通过在建筑尺度下的预测，开始测试创造“部分城市”的想法：具有纪念性的形式以自我组织的方式产生城市的概念。这段时期，在昂格斯建成和未建成的方案中，他创造出来的形式是为了回应周围城市碎片化的、散漫的形态。这个景象在奥拓·博路塔的 1963 年波茨坦广场的照片中被很漂亮地捕捉到了：夏龙的爱乐音乐厅位于一片绿地中央，周围是散落的、相互不关联的历史性建筑，还未完工的密斯·凡·德·罗的新国家美术馆（另一座孤独的建筑）在照片的右侧（图 2–3）。

这便是 1977 年昂格斯、库哈斯、科尔霍夫、欧法斯卡和雷曼撰写《城市中的城市》的背景。文章起初是为康奈尔大学柏林夏季学期做的课题说明，后来成为当地政治家的参考资料。昂格斯等人在他们反对“复兴”的基础上，展现了一个城市的未来前景。

这篇宣言承认城市的衰落，然而通过 11 篇简短的文章，探讨将城市“缩减”到集中的部分：通过具有识别性的“样貌”（physiognomy），组成一个“城市岛屿”的“联邦”，而其形态和内容特征是需要经过规划的建筑性干预来完成和宣传的。这些“城市岛屿”可以看作是昂格斯“超形式”的延续，即城市中的城市。

对于昂格斯来说，这些“超形式”的建构需要通过每个邻里的历史特征来进行固化。在这一点上，昂格斯受到了柏林特有的且已经遍地开花的“城市别墅”（urban villa）类型的启发，这也是在《城市中的城市》撰写前几年，康奈尔夏校的主要关注焦点。昂格斯将“城市别墅”作为他的城市群岛中一种多家庭居住的类型，可以达到平均的多层住宅的密度，然而由于其内在的建筑本质，依然可以保持一种高度的形式独立性（图 2–4，图 2–5）。

在城市别墅的历史性基础上，昂格斯的超形式同时也自由地借鉴了“其他时期为了其他目的建造的”案例，这些案例的建构形式与一些柏林邻里城市形态类似，被用来描绘这些想象的城市岛屿的可识别性，以及其外在和内部的特征。例如列奥尼多夫的马格尼托格斯克方案就作为一种形态基础，指导在橡树下街进行“完整性和优化方式”的设计过程。

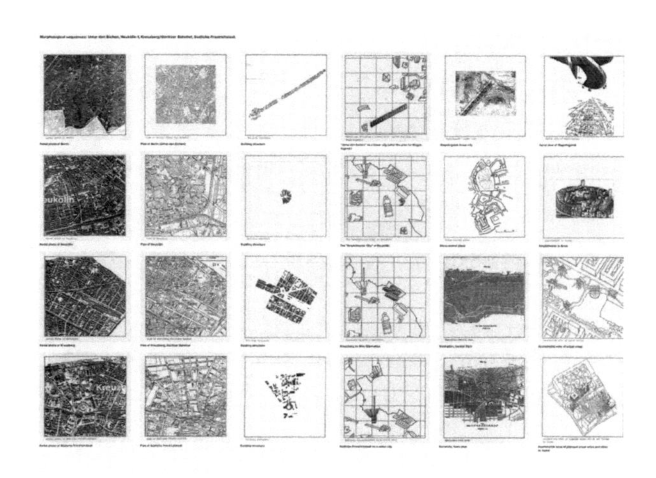

图 2-4　城市形态的抽象形式序列

对于昂格斯，这些城市岛屿之间的区域可以被转化为“被改编的自然”（modified nature）之后形成的“自然潟湖 ”（nature lagoon），以此重塑我们与自然的关系。

“运行困难”的城市部分可以被清理，成为重塑人与自然的“自然潟湖”。这样，这些“自然潟湖”和“城市岛屿”便合一起形成了一片“绿色的群岛”：将城市的衰落作为起点的，迥然不同的城市景观。

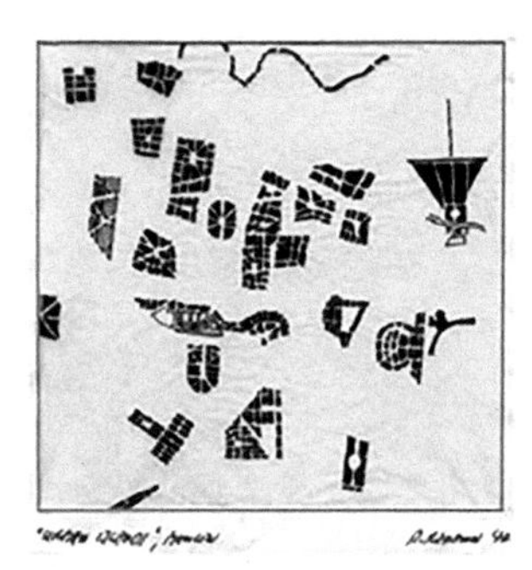

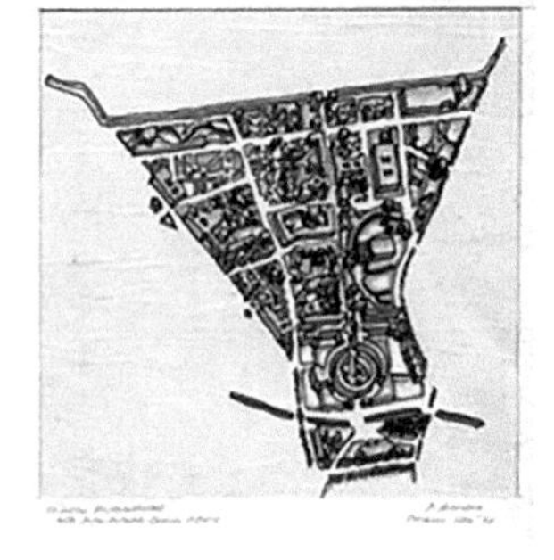

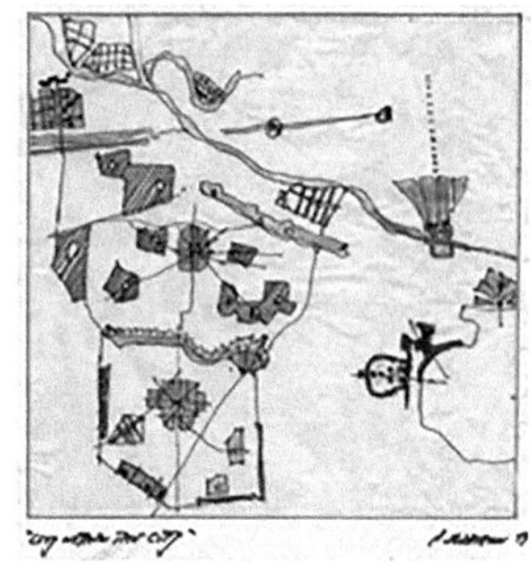

图 2-5　彼得・雷曼（Peter Riemann），1977 年作品“城市中的城市”

《城市中的城市》这个传奇是针对现代主义乌托邦式城市重建的批判性的回击，在它诞生的 20 世纪 70 年代，亦有一系列针对特定地区的宣言式倡导。[1] 然而，柏林的人口减少在 80 年代中期开始反转，柏林墙的拆除更进一步挑战着这个城市内部碎片化的理念。昂格斯对于柏林作为绿色群岛的设想

[1] 其他的研究包括文丘里和斯各特・布朗的《向拉斯维加斯学习》，雷纳・班纳姆的《洛杉矶：四种生态环境的建筑》，阿尔文・博亚斯基的《芝加哥，城市作为能量的系统》，科林・罗和弗雷德・科特的《拼贴城市》，以及库哈斯的《癫狂的纽约》。

并没有实现。

因此，笔者认为疫情带来了新的“城市中的城市”极端化的当代新关联。

笔者探讨疫情后我们与城市的关系的转变，“城市别墅”“城市岛屿”以及“自然潟湖”等相关的思想，也许可以重新用来阐述我们如何在后疫情的城市里居住下去。

2.3 城市别墅与后疫情时期的家庭

虽然《城市中的城市》书中的住宅案例有些奇特[1]，但是城市别墅这种新颖的住宅类型在后疫情的世界里却有不少话语权。

城市别墅可以被看作一个昂格斯的理念在住宅尺度下的延续。至少在形式方面，它们是关于都市岛屿和超形式在建构尺度下的重新规划。这在昂格斯 1962 年为科隆—乔韦勒新城（Köln-Chorweiler）规划竞赛的方案中表现得很明确。同样，在他 1976 年的马尔伯格的利特大街（Ritterstrasse in Marberg）住宅方案中，我们可以看到类似的建构独立性和无尺度感，方案中抽象的、元素性的形式在他 1977 年夏校的学生作品中再次出现，而那次学院课程的主题便是城市别墅。此外，每一幢设计的城市别墅都涵盖了迥然各异却又表达明确的部分，不仅仅使人想起城市的形态，而且提出了共享与公共生活方式的可能性。昂格斯在科隆为自己设计的家是另一个城市别墅功能策划的案例，虽然尺度很小，但是通过其建构的表达，包含了两套公寓、一个工作室和办公室，以及一座图书档案馆（图 2-6，图 2-7）。

昂格斯将城市别墅看作是能够丰富城市生活的一种类型。它成为另一种表达形式，可替

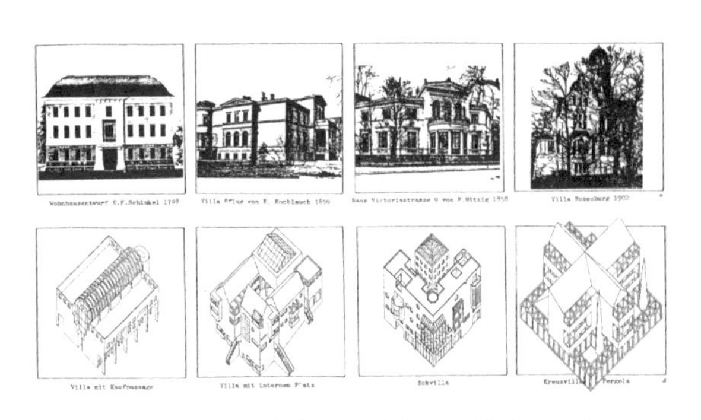

图 2-6　1977 年夏校中关于城市别墅的分析图解

图 2-7　昂格斯、马尔伯格的利特大街住宅方案（图片来源：昂格斯建筑科学档案官网）

1　在 2013 年重新诠释原文字的时候，马洛辩解道书中这种旁观城市别墅的态度与库哈斯在这篇宣言中起的作用有很大关系，库哈斯的案例选择脱离了昂格斯曾经在夏校课题中设置的城市地块、别墅和花园三部曲。

代那些重复性的公寓区块以及“贪婪”的独栋郊区别墅，因为后者占据了“珍贵的疗养区域……防止这些区域被公众享用。”

城市别墅通过其建构的形式，可以增强城市生活功能的丰富性，并对住宅规范进行补充，这种特性非常适合后疫情时代的住宅设计。在全世界范围内，人们已经受到自己居住的物理条件限制，我们现在在家办公、在线上学习、在虚拟世界游戏，使用快递服务，利用网络流量获得名声，通过社交平台交流。其造成的结果是，我们城市生活的物质世界曾经充满整个城市，而如今则缩减到一个住宅的独立单元：这是再次缩减的“城市中的城市”的逻辑，即从房间到城市，从城市到房间。

当我们继续将餐厅变成家庭办公室，将起居室改成瑜伽工作室，长久地凝视窗外，梦想着与朋友们在公园相聚，这种不满足和非弹性的既有住宅区域就变得非常值得关注。如何将私密和公共的生活方式设置在同一个居住模式中的问题，在病毒流行时代便重新涌现出来，成为住宅设计的中心任务。

任何重新调整居住房间与其所在城市之间的平衡行为，都可以从昂格斯的城市别墅的建构可能性中得到启迪。想象空间，或称为“城市房间”，可以被改造和采用，能够容纳由于疫情产生的新的居住模式。这些可能是很简单的做法，比如说更好地设计弹性的户外空间，就像昂格斯设计的里特大街城市别墅的神奇的屋顶花园。交通空间不仅只有箭头般的、造成社交问题的走廊，也可以成为更加宽松的、使用者设定式的间质空间，作为家庭边界的延展，如同昂格斯的新城规划（Neue Stadt）的理念（图 2–8）。

我们在疫情前的一些住宅实践中已经看到一些类似的想法，例如拉卡顿·瓦萨尔（Lacaton Vassal）的一些设计项目。更当代性一些的实践有阿帕拉塔（Apparata）事务所的艺术家之家（A House for Artists），表现出类似昂格斯城市别墅的形式可识别性和叙事性，社区和艺术空间融合在建构之中。

图 2–8　昂格斯，科隆新城规划竞赛方案的模型，1962 年

2.4 城市别墅和后疫情时期的邻里

在《城市中的城市》中，昂格斯认为像东京、纽约和伦敦这种大都会的“巨人主义”（Giantism）并不一定能提升居民的生活质量，反之还创造出“巨大的技术和组织问题，只会在根基上摧毁人类的环境”。

作为回应，昂格斯认为他的“城市岛屿”是“独立城镇”的集合，平衡了居住密度和基础设施条例，使得这些岛屿可以自治，走向一个“城市的个体性”。

值得注意的是，昂格斯并没有抛弃城市和城市密度的概念。他反对表现为城市蔓延的“巨人症”，并不是反对城市的“大”（Bigness），这个概念后来继续由库哈斯发展。城市中部分有计划地收缩是为了使城市别墅成为更加强化的焦点，其中的居民能够更加享受丰富的城市生活。

这种为拯救城市而对城市进行收缩，对于疫情产生的“甜甜圈”[1]城市有着巨大的当代参考性。“甜甜圈”模式是由于人们避免进入城市而过度依赖郊区的中心造成的。最近毕马威会计师事务所的一项研究表明，即使当伦敦回归到某种正常的时候，常规街道的零售业工作依然由于网购而会丢失 30%，疫情之后有 20% 的工作也将会变成居家为主。

需要重点关注的是，由于我们躲避城市中心，以及城市中心的不可达性，迫使我们重新学习将自己的生活重心转移到当地，这其实是更加可持续性的生活方式。然而这种方式缺乏优势，源于我们传承了几十年的城市—郊区的不平衡模式，即城市和郊区之间服务设施的极端化配置。睡城很少配备当地的、适合可持续性居住的多样化设施，省级的主街也是如此，不比大都市的零售业好。

昂格斯的理念可为我们越来越空洞的城市提供一种倡议性的替代方案，我们应当将其看作是一种疫情时代的后果，而不是解决方案。

这也是《城市中的城市》与其他宣言（如埃比尼泽·霍华德的“花园城市”）的不同之处。昂格斯建议的不是用绿带环绕的郊区新城，而是在城市中心用“自然潟湖”环绕，由“都市岛屿”组成“群岛”。霍华德的做法是放弃城市中心，建立郊区城镇。昂格斯则是用他的“都市岛屿”，通过泯灭城市—郊区的二分法而重新定义城市的概念。

对于郊区化的倾向，以及对城市造成的影响，昂格斯的思想提供了一个批判性的回应。事实上，这种在城市中采用平衡的社区集合的论调已经在一些实践运动中得到反响，如早在疫情发生之前就有 15 分钟城市运动，即重新组织城市，创造出可步行的邻里和完整的社区。这些需求在现在则变得更加迫切。

---

[1] 这是纯粹的形式性参考，不可与凯特·拉沃斯的可持续发展的“甜甜圈”经济模式混淆。

图 2–9　尼弗·布朗，伦敦亚历山大路住宅（图片来源：英国皇家建筑师学会档案 92906）

图 2–10　尼弗 · 布朗，未建成的海牙兹沃尔街住宅方案（图片来源：戴维 · 波特提供）

在昂格斯 1977 年开始思考城市岛屿的可能性以及超形式概念的同时，伦敦的尼弗 · 布朗也正在用一种自创的、与众不同的低层高密度住宅进行实验，与昂格斯的理念不约而同的相似。在他的艾恩斯沃斯（Ainsworth）亚历山大住宅区（Alexandra estate）和居住区项目中，我们可以看到布朗的建构与历史的联系，即与昂格斯相同的关注点。与此同时，布朗一直将他的项目视作城市的一部分，即由联排住宅构成的伦敦的一部分[1]，这些项目自身便是无可争议的抽象化的“超形式”。“城市中的城市”这种思想在一个完整的社区邻里中也体现得很明显，包括一系列宽敞的户外绿色空间，以及多种多样的，在地性的社区设施和空间。布朗未建成的海牙兹沃尔街（Zwollsestraat）方案提出了比昂格斯的都市岛屿理念更强有力的呼唤——一个坐落在沙丘中的超级住宅区块（即昂格斯所谓的改编过的“自然潟湖”）（图 2–9，图 2–10）。

2.5　自然潟湖与后疫情时代的公共空间

如果说疫情造成了昂格斯的都市岛屿理念再度被提起，那么他所谓的“自然潟湖”该如何看待？是否在疫情时代可以作为建筑之间空间的有意义的参照呢？

全球疫情以及伴随而来的封控造成的状况，存在于那些缺乏居民活动的城市部分。在伦敦，西端社区和金丝雀码头空荡荡的场景给人们留下了不可磨灭的记忆。现在最终变得常态

[1] 尼弗 · 布朗和昂格斯可能在康奈尔大学有过交集，20 世纪 70 年代他们曾同时在那里教学，然而根据布朗的长期合作伙伴戴维 · 波特的回忆，布朗一向认为昂格斯更多是一个形式主义者。

化的居家办公给那些以通勤为主的城镇带来了威胁，包括这些城市周围的基础设施网络。

在一段时间内，城市的大部分公共场所都处于停滞状态，等待着新的叙事和使用模式。我们尽可能地找到一些自然环境，作为仅有的可喘息的户外空间，开始接受配给的食物和休闲，我们开始记录城市上空变得优化的空气质量，飞机在机场的限制使得我们终于听到了鸟叫声，我们甚至惊奇地观察到野生动物行走在城市街道这种超现实的场景。

在这种令人遗憾的、从“常态化”中暂时停顿的时刻，我们瞥见了昂格斯的“改编的自然”里的“自然潟湖”。在分裂的城市—郊区—乡村的等级分化中，《城市中的城市》构想出一种处在大都市中的区域，它们以帐篷、活动房、农田、配给土地、公园、树林、花园、主题公园、汽车影院，甚至狩猎场的形式出现，其“表面的农业特性可以贯穿城市的所有部分”。

有趣的是，“绿色潟湖”的概念已经被不知情地在现实中测试过。去工业化和城市化之后的底特律的部分区域，在过去的几十年里重新逐渐地被自然占领。这种重新野化的情形反过来吸引了都市农民回到这片被遗弃的城市部分，有些人甚至离开了依赖互联网的生活（图 2–11）。

都市农业近几年被全球的政府认可，成为提升长期弹性生活和城市自给自足的手法。据路透社统计，曾经 90% 的食物依赖进口的新加坡，决意在 2030 年之前达到城市 30% 的食物通过当地供给。

图 2–11　底特律的都市种植（图片来源：经济时报官网）

同时我们会质疑是否疫情真的将我们目前的状况推到底特律这种极端的情况下，在危机的时代，城市的体验展现了变成地图上的“群岛”的可能性，这代表了新的人与自然的关系倾向。人们也可以看到类似纽约高线公园这种基础设施绿色项目，事实上也都是一系列小型实验，即在城市中心重新介入一种改编的自然。

对于在城市中心建立“自然潟湖”的极端化做法，更为清晰的表现是德国城市德绍的案例。底特律的自然回归可能是偶然的、自下而上的，而德绍则采用自上而下的政策，在行将衰落的城市中激活了重新野化的可能性。

柏林的衰落和人口减少是暂时的，德绍则是从 20 世纪 90 年代就遭遇着人口持续减少。这个诞生包豪斯的城市后面临着工业的衰落，继而引发了人口的外迁，同时受到低出生率的打击。面对着大量的被遗弃的建筑和一个收缩的城市，城市规划部门决定将无用的和用途低的建筑拆除，在 120hm^2 的范围启动一个系统化的重新野化项目，重新连接起城市和穆尔德河沿岸的自然景观。野化的过程是允许自然占据空闲的土地，现在这里野花盛开，当地的人被政府鼓励来管理特定的土地，依据自我的选择，将这些土地变成生产和休闲的自然。

底特律和德绍的故事正反映着《城市中的城市》所讨论的：将城市的“不好用”的部分归还给自然，因而我们可以收获当地的食物，自己种植蔬菜，长时间地散步，在城市中享受户外环境。疫情使得这些目的变得更加迫切。在一封给巴塞罗那市长的公开信中[1]，当地建筑师马西莫·保罗里尼（Massimo Paolini）宣称需要“重新组织交通”和“城市的重新自然化”，两个观点都反映了“都市岛屿”和“自然潟湖”这种极端的想法。在这里，“自然潟湖”被证明是《城市中的城市》中高度一致的理念。

2.6 绿色群岛作为后疫情城市的模式

重读《城市中的城市》，是希望批判性地建立一种文字的当代相关性，手法是在后疫情城市中重新架构出城市别墅、都市岛屿和自然潟湖的理念。然而与此同时，昂格斯等人也提供给我们一种独特的视角，从中我们可以理解当前的处境，并且商榷出可能的回应，因为在我们当前的城市生活中，有很多方面无法用以前惯用的文字来形容，无论是从前还是现在。

比如说，虽然文中将“自然潟湖”作为一种具有挑衅性的户外空间提出，但是公共空间的理念，或者至少与其政治目的相关的空间，都没有清晰地在《城市中的城市》里被讨论。昂格斯的“城市岛屿”是一种批判性和对立性的设计，用来承载冲突和差异，他们的这种多样性，不可避免地是以一种自上而下的形式进行“规划”和“规定”的。昂格斯于 1968 年移民到美国，而同年柏林的学生发生抗议示威行动，使得这种失声变得有趣起来。如今可以很清晰地看到，由于卫生等原因防止人群聚集以及将公共活动虚拟化，并没有在任何想象下使实体的公共空间变得多余。更甚的是，无论疫情下“城市收缩”的论调如何演化，公共空间依然是一种物质的场所和空间。如果我们愿意接受“绿色群岛”的想法，那么这种空间在哪里？会以什么形式出现？

重读这本《城市中的城市》不是为了在我们正面临的危机和文字之间建立一种完全的关联。事实上，也许书中文字最有洞见的不是它所提出的建议，而是它具有宣言的倾向，它将城市看作随时可被塑造的物质空间（图 2–12）。

---

[1] 给巴塞罗那市长的公开信，由马西莫·保罗里尼等人授权及签署。

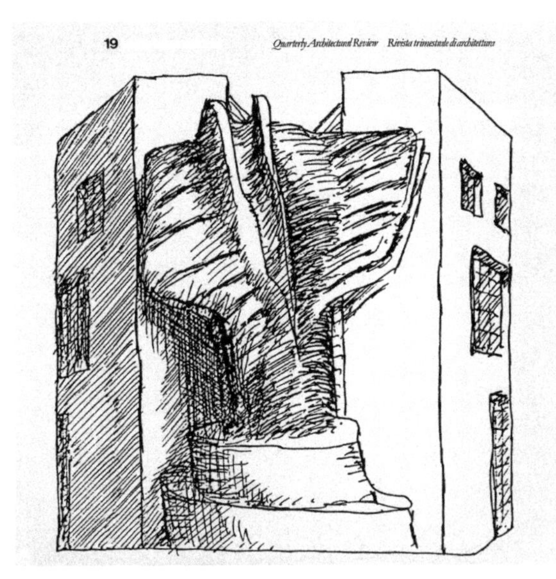

图 2–12 《莲花国际建筑评论》（Lotus International）第 19 期封面，《城市中的城市》宣言首次在此发表

对于昂格斯来说，柏林是“一个总是试图将冲突的元素和谐化的城市，不能用一个独立的原则去融合。”

如此说来，“这个项目为了批判性，使有差异性的多样化具有深刻的意义，也是柏林的特色”。换句话说，城市已经是一个群岛，人口缩减的现象仅仅是为昂格斯等人关注到这个特性而提供的契机。[1] 用 P.V. 奥莱利（P.V. Aureli）的话来说，《城市中的城市》的高明之处在于“将自己的危机转化成城市中的建筑这个特定的项目”。

进入现在的城市，我们意识到居家办公不是疫情造成的产品。我们所谓的通信，从 20 世纪 70 年代开始登上舞台，在后来的几十年进程中，一直持续不断地将公共活动变得室内化。疫情只是加快了我们退居到住所的速度。为了回应这种生活的改变，与《城市中的城市》理念类似的住宅设计的创新实验，在疫情之前就已经开始了，从社区土地信托的共享居住，到大型商业开发商的共享住宅，这些新类型项目的出现并不一定跟疫情关联。疫情只是加强了我们对于这些新设计趋向的研究，加速了更加系统化改变的迫切性。气候危机已经促成了城市的运动，如 15 分钟城市、可持续性食物供应网络、都市农业、自然保护和野化。疫情只是将这些趋向加速和放大了。

昂格斯等人将城市作为宣言这种趋势，使我们可以重新审视城市内在和涌现的特征。疫情是催化剂，我们需要拓展创新性的研究，去表达我们在“新常态”下特定空间的需求，目前还没有给予足够的时间来找寻它特定的建筑表达。

因此也许《城市中的城市》最重要的一课，在疫情的语境下，是想象“当一个人开始考虑城市已经是什么样的，他便可以开始畅想城市的未来。”

---

[1] 这种城市作为宣言的倾向影响了库哈斯后来自己的书《癫狂的纽约》，在《城市中的城市》出版的后一年（1978 年）发表。

（张中琦　撰写，何可人　译）

参考文献

[1] UNGERS OM, KOOLHAAS R, KOLLHOFF H, et al. Cities within the City–Proposals by the Sommer Akademie for Berlin [J]. Lotus International, 1978 (19): 82–97.

[2] UNGERS OM, KOOLHAAS R, KOLHOF H, et al. The City in the City: Berlin: a Green Archipelago[M]. Zürich: Lars Müller Publishers, 2013.

[3] UNGERS OM，KOLLHOFF H, OVASKA，A. The Urban Villa: A multi–family dwelling type: Cornell Summer Academy 77 in Berlin[M]. Cologne: Studio Press for Architecture,1977.

[4] SCHRIJVER L. Grossform – A Perspective on the Large–Scale Urban project [J]. DASH, 2011(5): 40–55.

[5] AURELI P.V. The Possibility of an Absolute Architecture[M]. Cambridge: MIT Press, 2011.

[6] KPMG LLP. The Future of Towns and Cities Post Covid–19[R]. London: KPMG LLP, 2021.

[7] SMITHSON A，SMITHSON P. Changing the Art of Inhabitation[M]. London: Artemis, 1994.

[8] KOOLHAAS R S. [M]. New York: Monacelli Press, 1995.

第3章 “二战”后日本社会性住宅面临的挑战与机遇

在本章开始前，有必要对日本的“社会性住宅”一词作一个明确的定义。由于日本早期并不存在欧美的住房保障金体系或中国的住房公积金体系，因此日本的社会性住宅是没有明确定义的[1]。为便于理解和比较，本章将由政府直接建设管理，以及接受政府补助建设的住宅统称为社会性住宅。

自20世纪以来，伴随着社会、经济、自然环境的剧变，日本社会性住宅所需要面临的挑战也层出不穷。本章将聚焦于住宅建筑与外界的不断角力，及其具体的视角与手法变化，探究社会性住宅于各时代逐步将挑战转化为新机遇的过程。从早期解决基本的住房困难，到积极回应社会问题，再到探索可持续发展的今天，总结日本社会性住宅对我国的启示。

3.1 “二战”前后日本社会性住宅的基本体制及迅速发展

3.1.1 “二战”前日本社会性住房体制的建立与发展

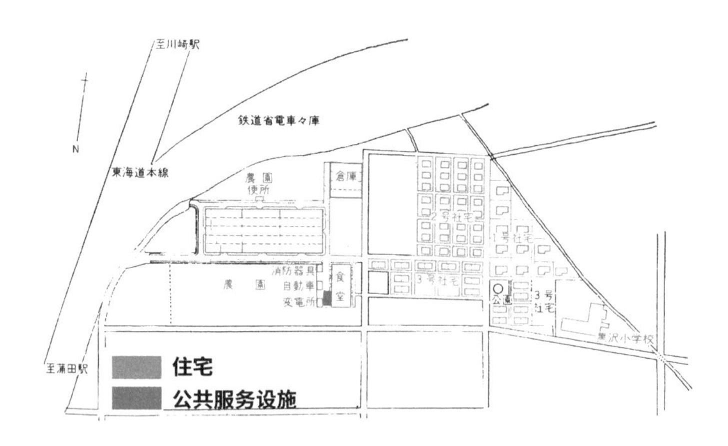

图3–1 黑泽村总平面（1901年完工）
（总平图中可以看到集中在东侧的公共设施，包括食堂、仓库、变电所、消防站等）

日本在经历了日俄战争后工业迅猛发展，在没有建立起完善的住宅建设与管理体系前，黑泽村（图3–1）、仓敷纺织厂宿舍等私营企业宿舍区都是较为成功的探索。而浅草玉姬町东京市公设长屋被称为第一个现代社会性住宅，其建设初衷是救济该地区遭受火灾的市民。除了6栋住宅楼外，还配有托儿所、公共浴室、公园等（图3–2）。

[1] 日本面向中低收入人群的住宅保障体系《住宅安全网法》在2007年才得以成立。

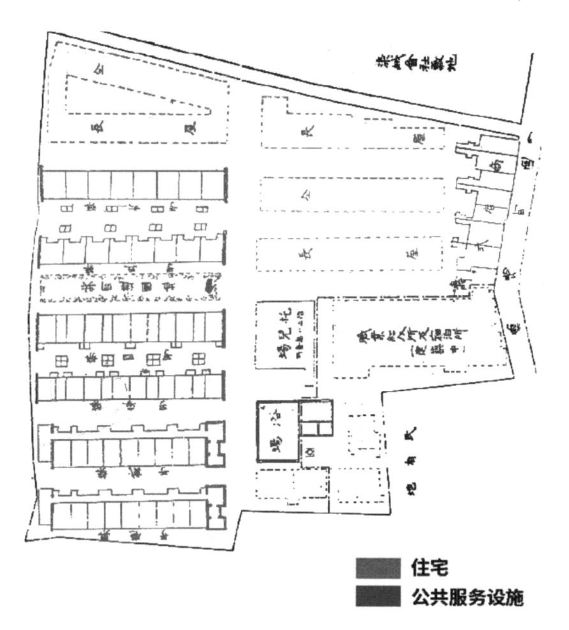

图 3–2　玉姖町长屋
（1911 年完工，托儿所与公共浴池集中位于住宅区主干道东南侧）

图 3–3　同润会青山公寓
（青山公寓已由安藤忠雄设计事务所于原址重建为商业设施）（图片来源：笔者自摄）

1919 年日本内务省推出了《住宅改良助成通告》法案。除了提出为民间团体和地方政府提供土地和资金支持外，还涉及开放住房建设融资、强化交通设施等，标志着日本的社会性住宅体系的建立。随后 1921 年的《住宅组合法》进一步对普通家庭开放低息贷款申请，鼓励民众自发建设住宅。

在此期间，“同润会”无疑是最为人称道的住宅建设组织。1923 年关东大地震后，面对数万人无家可归的窘境，政府拨款 1000 万日元成立财团法人同润会。同润会早期建立了部分赈灾临时住房，但很快就将视线转移到了在欧美极为流行的公寓式集合住宅。由于采用了防火抗震的钢筋混凝土构造，加之新颖的高层公寓居住方式，对当时以及日后的住宅市场造成了相当大的影响（图 3–3）。

显然，同润会所建设的社会性住宅主要关注的是中等收入群体。面向低收入群体的公营住宅直接由政府或部分公益组织承接，但随着“二战”的爆发，穷兵黩武的日本政府将大量物资运往前线，社会性住宅的建设也基本停滞。

3.1.2　“二战”后经济成长期社会性住宅的实验与跃进

“二战”中以东京为首的城市遭到严重破坏，同时大量的海外人员归国，导致全国范围

图 3-4 都营高轮公寓（图片来源：笔者收藏）

内的住房短缺。因此 1945 年政府成立“战灾复兴院”以协助各地建设赈灾住宅，其中不乏都营高轮公寓这种采用钢筋混凝土结构，耐燃耐震、功能合理、设备完善的开创性作品（图 3-4）。该公寓竣工后受到广泛赞赏，翻开了日本社会性住宅建设的新篇章。

与此同时，东京大学的吉武泰水在参考海外已普及的标准设计住宅后，于 1951 年提出了 51C 型标准设计户型。51C 型以家庭人员构成为出发点，确定了餐厅和卧室分离，夫妻卧室和儿童卧室分离的基本思路（图 3-5）。政府在此方案基础上修改后推广至全国，技术日趋成熟的社会性住宅在全国各个城市大量涌现。例如著名的晴海公寓受到柯布西耶居住单元理念的启发，而平面依然是 51C 型的变体（图 3-6）。

伴随着日本住宅建设体系的逐步完善，社会性住宅的雏形也明晰起来。其中主要包括以保障低收入人群为目标群体，具有廉租房性质的公营住宅；为中等收入群体提供的公团住宅；加之面向高收入群体，提供长期、低利率住房建设贷款的住宅金融公库。以上三者并称为日本社会性住宅的三大支柱[1]。

此后，日本和欧美国家一样重视现代住宅区规划与城市规划的强关联性，于是邻里单位

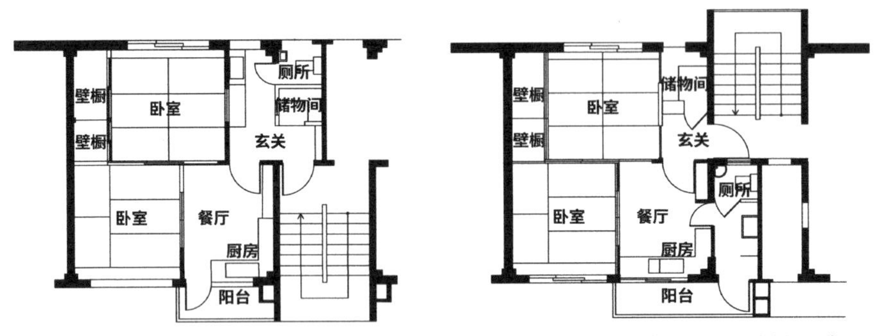

图 3-5 51C 型最终方案（左：住宅楼入口在南侧。右：住宅楼入口在北侧），每一户拥有独立厨卫、一间餐厅、两间卧室（图片来源：笔者自绘）

1 除此外还有公社住宅等建造量较少的社会性住宅类型。

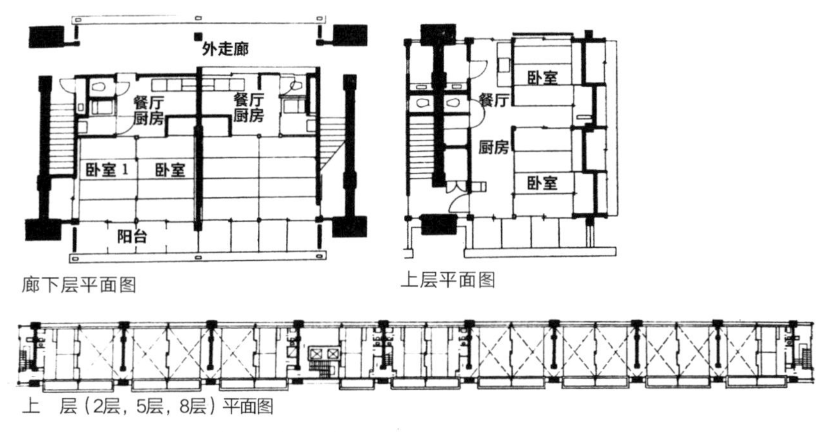

图 3–6　晴海公寓平面图。住宅楼共 10 层，每层 17 户

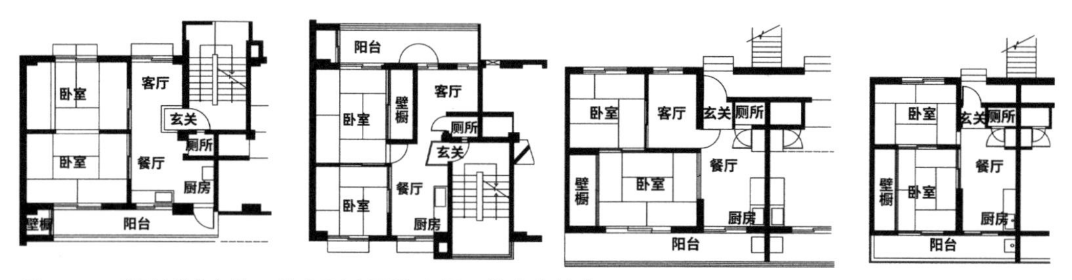

图 3–7　千里新城内的四种户型（图片来源：笔者自绘）

的理论成为首选。在远离核心区的车站或郊区附近建设的卫星城应运而生[1]。1962 年建成的千里新城面积达到 1160hm^2，人口超过 15 万人。整个地区共分三个小区，而每个小区又包含 3~5 个建设有小学、医疗站、公园等的邻里单位。值得一提的是，其官方文件中对于小区的定义和我国 20 世纪 50 年代末兴起的居住小区几乎相同。千里新城的户型极为丰富，大多数的户型都保证了一间客厅（图 3–7），积极回应了人们对于“公私分离”的强烈需求。千里新城带动了日本的大型住宅区发展，在每个街区系统地设置公共设施，并实现人车分离的新城成为这一时期的主流。然而，其中也存在着一些问题，例如，由于停车空间不足，许多绿地后来被迫改为停车场；没有预留足够的空地，导致日后住宅区内进行改造时难以增改建。并且对于不同地区气候、文化的差异以及居民需求与家庭结构的变化等也缺乏考量。

1　日语为ニュータウン（New Town）。具体定义为 1955 年建设于郊区，占地超过 16hm^2，人口 1000 人以上的住宅区。这一概念事实上是借鉴了英国在 1946 年颁布的《新城行动》（New Town Act），但与此不同的是，日本的新城是作为大型住宅区而非城市开发。

3.2 日本经济腾飞期之后对社会性住房的多种探索

1968 年，日本全国完成了“一户一宅”的短期目标。跨入 20 世纪 70 年代时，日本已成为世界第二大经济体，面对飞速发展的社会环境，社会性住宅必然要肩负起更复杂的社会责任。在商品住房普及前，社会性住宅主要解决的问题有两点：第一是将各大城市中心暴增的人口转移至城市外缘，第二是提供更加舒适与多样的生活方式。在这样的背景下，诞生了“风土派”“物理机能派”“生活派”“几何学派”等多个住宅设计流派。

而在泡沫经济期间，大型房屋制造商（house maker）批量建造的独栋住宅与房地产开发商力推的高层公寓强烈冲击了房屋交易市场。各大国营公营机关（电力、铁路单位等）转为私营，城市圈内的社会性住宅需求急剧缩小，设计方向也开始由“量”到“质”、由“官”到“民”逐步转型，多种多样的商品住宅逐渐崭露头角。面对着诸如社区关系丧失、高龄少子化等越来越复杂多变的社会问题，仅能提供“居住功能”的住宅已经难以满足国民的需求。随着泡沫经济的结束，1995 年的阪神大地震如同一脚突然的刹车，为社会性住宅的建设画上了句号。

进入 20 世纪末，住宅量饱和、加之人口的缓慢增长意味着传统的福利型社会性住宅的意义逐步消失，“三大支柱”都相继解体或重组为半公半私的公司或机构。在经历了“311”大地震和疫情之后，建设可持续发展的居住环境成为日本全社会的课题。除了具有时效性的赈灾住宅，新建的社会性住宅已经极少。近年来，日本政府将重心转移至对现有社会性住宅的存量转化，制度上更为关注弱势群体的保障。

下文将聚焦于四个重点社会问题讨论。在不同时代、不同地区出现的社会问题需要不同的社会性住宅与之对应。这对于地方差异大、城市化发展迅速的我国来讲，具有借鉴意义。

3.2.1 对抗灾害与灾后重建的不断反思

作为一个常年面临自然灾害的国家，日本从未停止过对防灾技术与赈灾住宅的探索，尤其是针对地震灾害。自 1923 年的关东大地震以来，1948 年的福井地震、1964 年的新潟地震不停为人们敲响警钟，也在推进着社会性住宅的发展。

都营白须东住宅区作为东京江东区防灾策略的一环，住宅楼单体高 40m，每栋楼侧面以防震缝相连，总长达到 1.2km。由于住宅区东侧是大片木结构建筑街区，住宅楼如同一面巨大的防火墙，能够阻隔火灾的蔓延。另外，住宅楼 5 层的多个地点布置了高压水枪，屋顶备有巨型储水池。住宅区内部设有多个避难场所和防灾储备库，各组团间设有防火门以及防火卷帘（图 3-8）。甚至在紧邻住宅区的河岸侧规划了一个大型公园作为紧急避难场所，最大

图 3-8　都营白须东住宅（1975 年）。住宅楼间设有大型防火门（左）板楼的五层每隔一段距离就设有一支高压水枪（右）（图片来源：笔者自摄）

可容纳 8 万人。这类具有实验性的社会性住宅为后来耐火抗震的法律法规常态化提供了基础，当然城市中防灾基础设施的普及也功不可没。

1995 年的阪神大地震之后，政府除了修建临时住宅外，还建设了部分集体住房[1]。设计者敏锐地意识到若仅仅为灾民提供临时住所只能解燃眉之急，与外界接触较少的中老年人需要足够的交流场所，这是维持整个社区存续的关键（图 3-9）。住宅楼在每一层都设置了一间活动室，除了公共厨房和餐厅外，还提供了能够自由活动的小客厅。人们逐渐认识到受灾地区住宅所承载的“软件”功能不可或缺，是振兴整个地区的重要支点。

“311”大地震后的复兴过程中，设计者们在关注社区关系创造的同时，兼顾了临时住房转化为防灾救济房的可能性。建筑师山本理显当时提出了“地域社会圈”这一概念。在临时的住宅区内，通过门厅处开窗、建筑体错位形成小公共空间等手段，促进居民间的互动（图 3-10）。政府在此基础上征集各地区的实施方案，最终决定放弃以往的铁骨支架结构，而启用木结构。不仅木材本身色调和质感更为温暖，在居民回到重建房后，临时住房的材料仍可以有效利用。这是日本首次利用木材搭建赈灾住宅，此形式在岩手县远野市、福岛县会津若松市等多个受灾地区得到了广泛应用。

---

[1] 集体住房（collective housing）指的是一间房屋中每一户拥有独自的卧室、厨房、浴室和卫生间，同时多名住户共享餐厅和起居室的一种住宅形式。

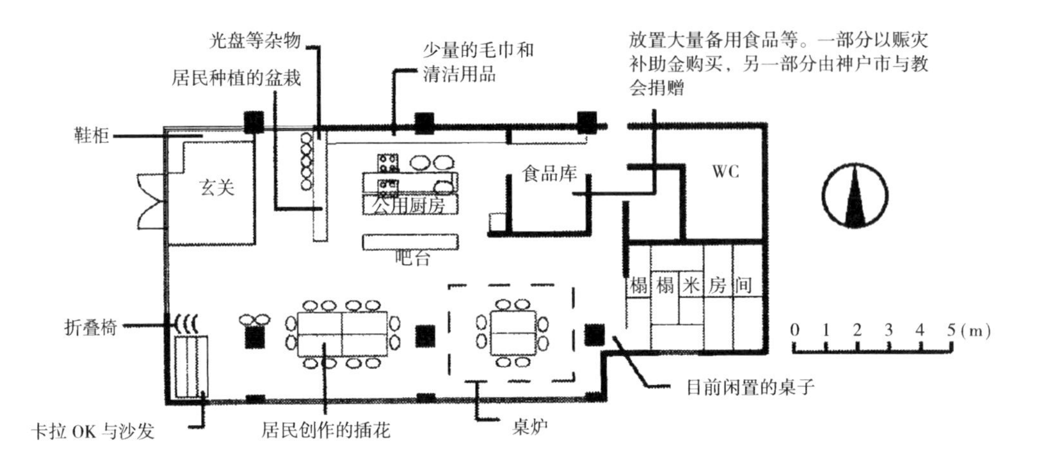

图 3–9　神户地区集合住宅中的交流客厅 (1997 年)。在使用者的居住过程中，交流客厅的使用方式和布局也发生了变化 (图片来源：笔者自绘)

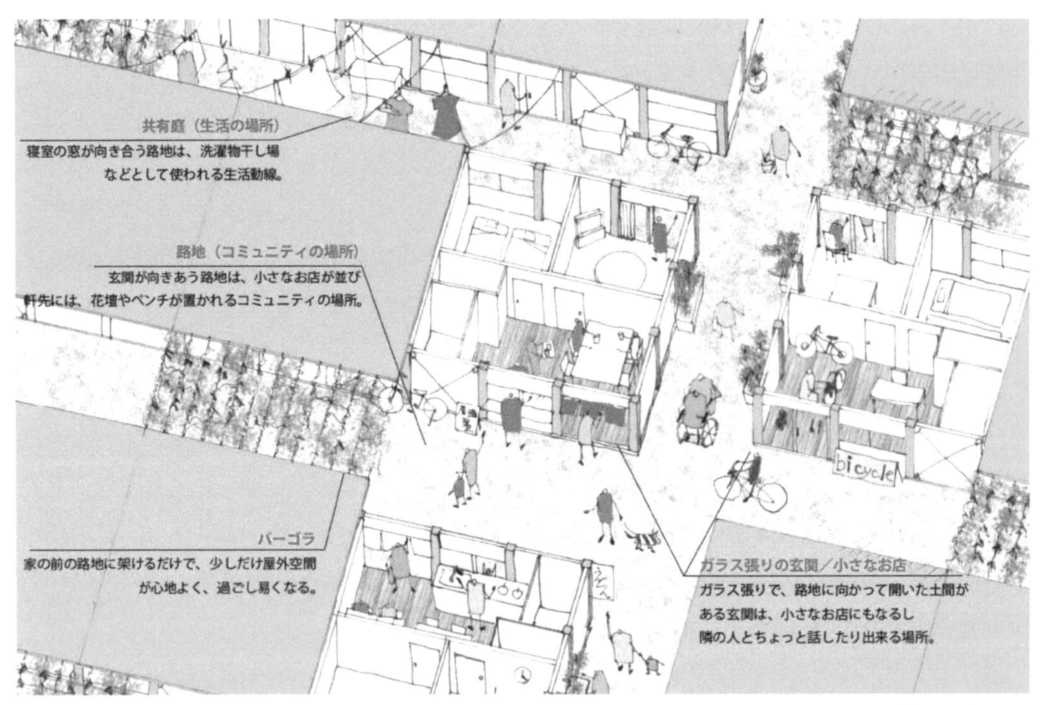

图 3–10　山本理显的方案 (2011 年)。增加开窗，同时令每一列住宅在短边方向上形成错位空间，从而促进居民间的接触

3.2.2 公共空间潜力的多方挖掘

20 世纪 70 年代前大量建造的新城虽然解决了当时住宅不足的当务之急，但远离城市中心、公共设施缺乏、户型单一等问题导致了居民公共活动减少、社区关系淡薄、生活方式单调。设计者们发觉住宅区内的公共空间除了交通功能外，还能够为居民提供交流与活动的机会。公共空间的布局、形态、绿化形式等一跃成为住宅区设计的核心议题。

大谷幸夫意识到在密度极高的城市内，开阔的空间能诱发居民自发的活动与交流，同时提供防灾避难的可能。河原町高层住宅区（1972 年）非常大胆地采用逆 Y 字形的结构体，住宅楼中心为 14 层的通高空间，下方 Y 字形的开口则形成了高达 5 层的大型广场（图 3-11）。设计者力图通过扩张公共空地的手法，解决高层住宅区内公共空间与住宅空间相互分离的问题。

20 世纪 80 年代以来盛行的个人主义致使日本人对于公与私的界线十分敏感，极其重视私有空间的维护，与此同时自身与外界社会的脱节也更为凸显。日本建筑师察觉到住宅区内公共空间的潜力，尝试从重组空间布局入手打破这一桎梏。熊本县营保田窪第一住宅区（1991 年）将公共中庭置于整个住宅区的中央，这一手法酷似我国在 20 世纪大量建造的单位大院、工人新村。在此基础上，每一栋住宅楼中都特意设计了面向外侧的走廊、阳台、楼梯，让不同住户间的视线、声音等有所交互。同时期的龙蛇平住宅区（1993 年）、茨城县松代住宅区（1992 年）等都采用了类似的手法，布置中央绿地，最大化室外的公共空间，促进住户之间的交流，引导居民在半开放的公共环境下生活（图 3-12）。事实上根据调查，大部分人都会迅速适应甚至中意于这种生活方式。

图 3-11　四层通高形成的公共广场（左），整栋住宅楼体型呈倒“Y”字形（右），公共广场上方超过 40m，上方开大量天窗从而引入了自然光（图片来源：笔者自摄）

图 3–12　龙蛇平住宅区住宅楼（图片来源：笔者自摄）

图 3–13　东云 CODAN 的中庭（左）与公共客厅（右）。垂直方向设计的公共客厅能够为一层层住户提供交流休憩的空间（图片来源：笔者自摄）

随着城市密度和住宅高度的攀升，设计师们也在提出更为立体、多样的公共空间。东云 CODAN（2005 年）在一层和二层的外部设计了多条动线，将绿化、中庭与立体式的交通功能相结合（图 3–13）。同时通过多个直通户外、2 层通高的"公共客厅"，为居民提供开敞的空间，促进住宅楼内部的交流。由于各住宅楼的设计师不同，也为每一栋楼的住户提供了不同的选择。

3.2.3 应对高龄少子化的灵活调整

日本人口自 2008 年到达峰值后开始逐年下降。结婚率下滑、晚婚晚育、育儿成本提高、人口高龄化、“孤独死”[1] 等现象同时指向同一个课题：如何为更多样的家庭构成和人群提供适合的居住环境。

早在 1964 年，日本建设省就已经出台了面向老年人社会性住宅的建设方针，20 世纪 70 年代进一步提出了与老年人同住的具体户型（图 3–14）。例如都营桐丘住宅区（1974 年）在外部设置了无障碍坡道，内部的浴室也配有方便特殊人群使用的扶手（图 3–15）。这一系列的努力推动了全国社会性住宅对于无障碍设施、老年人服务住房的建设。进入 80 年代，日本 65 岁以上的老年人已经超过总人口的 10%。1987 年政府提出了银发住宅（Silver housing）条令，为面向老年人的社会性住宅提供补助。具体来说，此类住宅中除了在硬件上解决老年人不便外出、活动受限等问题，还为居民提供一定程度上的心理辅导、家政服务等。例如神奈川县老人公寓（1989 年）将养老设施置入住宅楼中（图 3–16），为儿女不在身边

图 3–14　老年人户型。以一对夫妻照顾老人为前提的户型中，设有独立的“老人室”（图片来源：笔者自绘）

图 3–15　外部的无障碍坡道（图片来源：笔者自摄）

图 3–16　老人公寓内部

[1] 主要是指独居者在无人照顾的情况下，在自己的住所内突然生病或发生意外导致死亡的情况。

且经济和身体状况良好的老年人提供了生活保障。

2007年，日本的老年人占比攀升至21%，进入了“超高龄社会”。需要看护和照顾的老年人数量激增，政府不断制定法令与规范予以支援。2011年国土交通省和厚生劳动省针对日益严重的高龄化问题，从地区养老系统的整体构建和控制费用等方面提出了带有服务功能的老年人住宅制度。除此之外，高龄少子化情况促进了众多团地的更新，除了调整户型、适老化改造外，在住宅区内部增设老年人护理设施、儿童交流中心等也是吸引新住户入住的手段。关于老旧住宅区的再利用将会在下一章详细介绍。

3.2.4 自然环境与地域性的巧妙活用

作为一个地形多样、南北跨度较长的岛国，日本气候种类异常丰富。然而在20世纪70年代之前，标准设计的普及在一定程度上削弱了日本各地方住宅的地域性。当住宅不足问题得到缓解后，各地区涌现出众多适应当地风土文化的社会性住宅。除了形态更为自由外，针对不同地区的采光、通风、湿度等条件的不同也会灵活调整住宅区的布局、结构和户型。

茨城县山地较多，地势变化丰富，茨城县六番池住宅区（1976年）模仿传统村落的排布，顺应地形，各住宅楼交错斜向布置，由此围合出多个院落空间（图3-17）。三层的住宅楼采用短外廊式的布局，并且入口统一朝向院落。整个低层住宅区如同大地景观般，力图融入周围环境。位于寒冷地区的草津中岛住宅区（1981年），为防止屋顶落下积雪造成的危害，参考日本传统建筑中的“雁木造”在住宅外侧搭建了一道外走廊[1]，将各栋连接在一起（图3-18）。并且在住宅地内部开设了一间公共温泉浴室为居民驱寒。地域性住宅区获得居住者的广泛好评，其影响力波及全国，甚至推动了1983年“hope计划”制度的建立[2]。

冲绳平良住宅区（2002年）便是在此制度下设计的成功案例。设计师充分利用热带气候，还在中庭处设计了多片公共绿地，在增加绿化面积的同时，供居民自己栽种绿植和蔬菜（图3-19）。环绕住宅外侧的小片绿地以及每一层的外走廊都成为居民自由使用的公共空间。户型上，每户前后都各设置了一个开放空间：入口处的开放门廊为住户提供可以布置的微型庭院，而阳台用于晾晒衣物。积极采用外廊式平面布局也保证了良好的通风环境与景观视线。

---

[1] 寒冷地区为防止降雪从建筑体向外延伸的长屋檐，类似拱廊或骑楼。

[2] 这一制度致力于推动各地区具有地域性特点的住宅开发。主要强调以下三点：结合地域特色开发高品质居住空间；实施基于地方能动性和创造性的住宅开发；制定涵盖区域住房文化、区域住房生产等广泛的住房政策。

图 3-17　住宅区中庭。各住宅楼交错排布，道路与景观顺应地面起伏自由配置（图片来源：笔者自摄）

图 3-18　外部的走廊。居民可以避开雨雪，通过户外连廊到达各处（图片来源：笔者自摄）

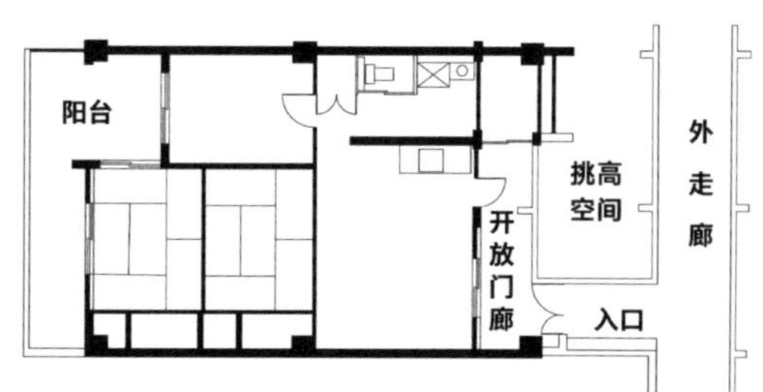

图 3-19　用作蔬果园的外部空间（左）与三室一厅类型的平面图（右）（图片来源：笔者自摄自绘）

3.3　存量社会中的社会性住宅

3.3.1　UR 所主导的大规模规划：公私合作 + 灵活多样

在经历了 1995 年阪神大地震后，日本迎来被称为“空白十年”的住房建设倦怠期。经济的下行与高龄少子化社会的到来，令社会性住宅的兴建失去了立足点。如何对待现存的社会性住宅，成为当时最现实的问题。曾经的公团住宅组织多次改组，2004 年重组为独立法人的“都市再生机构”（Urban Renaissance Agency，UR），其主要任务就是管理和运营公团住宅。

在脱离了原本的政府体系后，UR 的活动更为自由和高效。通过与设计事务所、NPO 组织、

图 3-20　集合住宅历史馆外观（左）与室内（右）（图片来源：ADH 设计事务所余鹏正提供）

民间企业等合作，在社会性住宅的基础设施完善、重建或重新规划、改良户型等方面起到了巨大的推动作用。本书第4章中会对以上类别的更新项目进行更为具体的介绍，本章不再过多赘述。

而在社会性住宅更新中最为特殊的一类，就是以保护、保存为目标的住宅区活用。UR设计建造的集合住宅历史馆（1998 年）是一座收集了日本社会性住宅"标本"的博物馆（图 3-20）。馆中收藏着关于公团住宅的历史文献、媒体资料等，类似于中国香港的"公屋博物馆"。此外，UR 在当时的拆除中特意保留了 4 栋知名社会性住宅的局部[1]。包括结构部件（包括墙体、楼板等）、装饰、家具、门窗在内的数个单元，并在该博物馆中重建。这不仅是一种保存历史住宅建筑的大胆尝试，也能够通过亲身体验的方式向民众普及历史与居住文化。

同时，UR 也在关注住宅建筑遗产的保护。1954 年诞生的 Y 字形住宅平面呈 Y 字，是颇具时代特色的一类一梯三户社会性住宅（图 3-21）。赤羽台住宅区（1962 年）原本是位于东京北侧的一个大型小区，UR 原计划在 2000 年后将其拆除重建。然而日本建筑学会发现其内部现存一组由 4 栋 Y 字形住宅组成的建筑群，旋即向 UR 申请进行保留。在学会联合 UR 进行的一系列调研、申请、研究活动后，4 栋住宅得以成为日本的注册文化财[2]。而围绕 Y 字形住宅的设计竞赛、内部更新活用等有条不紊地展开，为老旧社会性住宅探索在当今社会的意义提供了有效的参照。

---

[1] 分别是同润会代官山公寓（1923 年）、莲根团地（1957 年）、多摩平团地（1957 年）、晴海公寓（1958 年）。

[2] 是一种由所有者主动申报，国家给予认定的文化遗产保护制度。

图 3-21　Y 字形住宅外观（图片来源：笔者自摄）

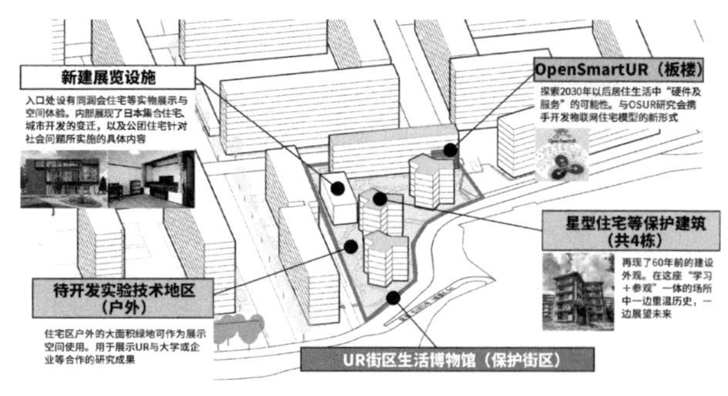

图 3-22　UR 街区生活博物馆概念图。博物馆内共分为 4 个不同的地区，可对应不同活动开放使用（图片来源：笔者自绘）

2023 年 9 月，集合住宅历史馆进行扩大翻修后，转移至 Y 字形住宅所在的赤羽台住宅区内。UR 力图将住宅文化展示、历史住宅建筑保存、住宅研究机构等集合在同一改建住宅区内，打造了新的 UR 街区生活博物馆（图 3-22）。

3.3.2　民间的小规模自主更新：多方参与 + 一案一议

UR 以外的社会性住宅虽然缺乏大规模的投资和人力物力，但是在多方努力下，也涌现了众多成功案例。其中包括由地方政府掌控，联合设计方、居民等共同运营的情况，也不乏由设计团体联手社区营造团体发起的自下而上的更新事例。

京都的崛川住宅区（1953 年）由 6 栋住宅楼组成。当时采用了先进的钢筋混凝土结构，一层的店铺空间租给了原本位于此处商店街的商户（图 3-23），二、三层则公开招募租户。由于一层商铺进深较楼上更深，所以住宅背面的二层设有宽敞的室外公共阳台。更新活动从 2009 年开始，由商户、居民、京都大学、地方政府共同参与，根据不同住户的意见，对各楼各单元提出了不同的更新方案（图 3-24）。重建其中一栋难以进行抗震加固的住宅楼，将其作为社区活动中心使用；部分高龄化严重的住宅楼加装电梯；针对不同年龄层、不同居住习惯的住户重新改造户型。

个人或私营团体深入参与社会性住宅的更新活动也屡见不鲜。建筑事务所 RFA 联合东京艺术大学建筑系研究室自 2015 年起，在鸠山新城（1971 年）、椿峰新城（1980 年）、白冈新城（1983 年）等住宅区的更新中起到了关键的作用；以社会活动家的身份通过讲座提高当地居民对于社区更新的认知；以策划运营者身份利用空屋经营咖啡厅或社区据点（图 3-25），吸引外来艺术家和学生经营管理从而带动社区活力；以设计者身份提出新的住宅外部形态（图 3-26），创造街区内开放的街路空间。作为建筑设计者，脱离建筑物本身，着眼于社区

图 3-23　岖川住宅区的一层店铺（图片来源：笔者自摄）

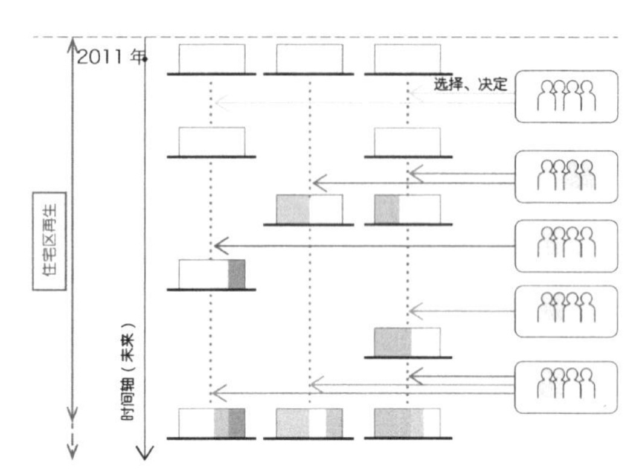

图 3-24　岖川住宅区的更新策略，通过住户与设计者的不断交流，共同决议改造方式，实现多样的更新（图片来源：笔者自绘）

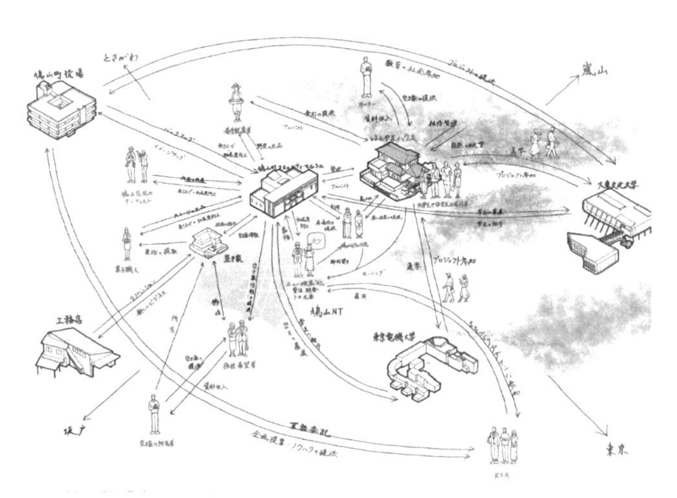

图 3-25　利用鸠山新城周边各机关和人员重组的社区网络，以社区营造的视角为住宅区规划不同设施和人群间的可能性，实施“软更新”

图 3-26　五栋住宅外部构成的街路开放空间

关系与运营，这也是面对社会性住宅存量的一种更为有效的态度。

3.4　结语

日本的社会性住宅紧跟时代问题，不断地推陈出新。从早期带有福利性质的住宅区，到“二战”前开始追求集约而建设的良好住居环境。“二战”后，随着技术、法律、城市基础设施的共同完善，不仅内部空间更为贴合现代家庭生活，充足与丰富的公共设施和绿化也深受重视。进入20世纪70年代后期，住宅量趋近饱和，社会性住宅成为备受关注的社会问题。在保障居住空间的基础上，积极组织公共空间，促使居民间主动和被动地交流；在各地区采用地域性的材料、绿化形式等创建宜居的环境；针对老年人、育儿家庭等不同居民提供多样的服务，保证住宅区的正常运营。这些及时的应对与试错，为日后的住房发展提供了借鉴。

迈进21世纪，社会性住宅自身的更新又成为新的课题。设计者着眼整个地区、城市，将住宅区作为存量资源利用了起来。UR从大尺度俯瞰整体，对住宅区进行重新组织整合；民间团体则是立足小尺度社区，具有针对性地解决实际问题。通过适当的拆除，一方面更新基础设施，使之应对居住人群和生活方式的变化；另一方面增设公共空间、组织社区活动，维持住宅区的存续。在此之上，对于老旧小区作为建筑遗产的价值也应被充分考虑，不应仅停留在保护层面，还需要发掘现环境下的意义，积极对外发声，吸引企业、学者等参与其中，为整个社区的发展提供助力。

近年来，随着越来越多的建筑师和学者的关注，我国社会性住宅的多样性也逐渐显现。在未来，社会性住宅的价值不应该仅仅停留在解决住房不足、居住环境恶劣等问题上，还需要从地域性、适老化、社区营造、保护与保存等方面上有所体现。

（邵　帅　撰写）

参考文献

[1] 井関和朗，等 . 人口減少時代の住宅政策 [M]. 東京：鹿島出版会，2015.
[2] 住宅総合研究財団 . 現代住宅研究の変遷と展望 [M]. 東京：丸善出版，2009.
[3] 日本建築学会 . 現代集合住宅のリ・デザイン—事例で読む [M]. 東京：彰国社，2010.
[4] 内田青蔵，等 . 図説・近代日本住宅史 [M]. 東京：鹿島出版会，2008.
[5] 難波和彦 . 新・住宅論 [M]. 東京：左右社，2020.
[6] 建築学大系編集委員会 . 建築学大系 27 集団住宅 [M]. 東京：彰国社，1971.
[7] 住田昌二 . 現代日本ハウジング史 [M]. 東京：ミネルヴァ書房，2015.
[8] 布野修司 . 日本の住宅戦後 50 年：21 世紀へ 変わるものと変わらないものを検証する [M]. 東京：彰国社，1995.
[9] ライフスタイル研究会 . 住まいのりすとら [M]. 東京：東洋書店，2010.
[10] 饗庭伸 . 平成都市計画史 [M]. 東京：花伝社，2020.
[11] 吉江俊 . 住宅をめぐる〈欲望〉の都市論：民間都市開発の台頭と住環境の変容 [M]. 神奈川：春風社，2023.
[12] 志岐祐一 . 世界一美しい団地図鑑 [M]. 東京：エクスナレッジ，2012.

第4章　21世纪以来日本社会性住宅再生更新的新课题与前景

4.1　日本社会性住宅区再生的社会及政策背景

4.1.1　社会背景

随着“二战”后经济的高度发展，日本全国大量开发住宅区并配备了完善的基础设施。在日本，大多数二战后开发的集合式住宅区主要由政府直接建设管理或接受政府补助建设，承担着为迅速增长的人口提供居住的社会职责。时间来到21世纪，日本进入高龄少子化社会，往昔居住人口繁盛的住宅区正在面临严重的衰落问题：空屋大量增加、基础设施管理不全、社会关系稀薄化、交通环境和商业环境恶化、养老设施和服务匮乏、运动场地不足……因而亟须探索可持续再生的方法。面对住宅区的日益衰退，尤其是作为承担着特别意义的社会性住宅，建筑单体层面上的改造已远不能解决问题，提供法律制度、社会体系方面支援的重要性日益彰显。接下来本章节将首先在政策层面对住宅区再生背景进行俯瞰。

4.1.2　政策机制

在住宅区面临衰退的大背景下，日本的社会性住宅开始陷入衰落甚至空置的危机。2000年公营住宅[1]存量综合活用计划制度创设，以此为基础，各地方政府根据本地区公营住宅的实际情况制定活化目标，对管理的所有住宅楼制定了改建、改善、维护等具体的活用计划。2005年国土交通省住宅局出台的“公共租赁住宅存在形式的基本方针”关注了公共租赁住宅[2]存量现状及市场现状，并分析了租赁制度、入住者、现有设施的情况，初步探索活用政策展开的基本方向。面对老化的存量再生和居住人口急速高龄化等课题，社会性住宅承担着为老年人形成优质存量的作用，政府开始对高龄者放宽入住社会性住宅的标准限制。

社会性住宅扮演的角色随社会变化不断地变迁，相关制度例如政策对象和供给手法也在

1　公营住宅是地方政府提供的低廉的社会性住宅，收入低于一定标准的家庭才可入住。

2　公共租赁住宅是指由公共机构利用公共资金建设、购买、管理运营的租赁住房，包括公营住宅。

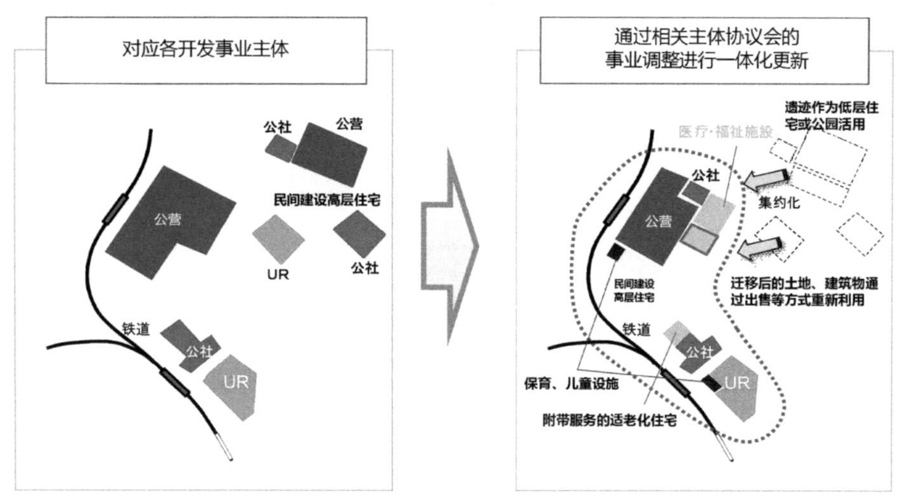

图 4–1　社会性住宅居住功能集约化布局更新
（图示显示，原有社会性住宅布局集约化，其中公营住宅、公社及 UR 这三类社会性住宅面积缩减，新增医疗福祉等设施。迁移后留下的遗迹作为低层住宅或公园被活用。图片来源：日本国土交通省官网）

不断修改。2005 年，适应地区多样需求的公共租赁住宅整治等相关特别措施法案指出，地方政府可以发挥自主性和创新精神，推进公共租赁住宅的建设和管理，以适应不同地区对住宅的需求。法案中将来自地方政府、UR、地方住宅供给公社的成员组织称为“地域住宅协议会”，共同推进促成 “地域计划” ，同时地方政府着手拨款制度的创设。

2013 年高龄化的急速发展进一步加速了社会性住宅区的衰落，生活服务功能严重退化。政府认为有必要重新考虑周边区域布局，进行大规模的住宅区再生。地域居住功能再生推进事业应运而生，较为详细地提出了如何对社会性住房进行布局更新的策略。内容主要概括为以下三个方面：将原有社会性住宅集约化到更小空间的居住功能再生；导入民间组织运营公共设施体系，通过多主体协作实施业务；导入面向高龄家庭和育儿家庭的设施和交流功能等（图 4–1）。

4.2　社区营造视角下的住宅区再生课题

4.2.1　住宅区再生课题方向

面对社会性住宅区的再生课题，我们首先将其置于更大范围的住宅区再生语境下进行考察。21 世纪以来，随着日本公民社会的发展，民间力量更多地参与到社区治理当中。住宅区再生也主要围绕着空间更新、社会问题进行多主体支援体系建构的探索，可谓软硬并施、大小兼顾。日本的社区营造是一种独具日本特色的城市规划建筑方法，强调“自下而上”的趋势以及采用多主体协作的过程，特别是社区居民和当地私营部门参与到社区的再生决策中。课题上，社区营造不再单一聚焦规划，而是转向更多元的社会可持续性、空间管理和设施建设上。从社区营造的视角下进行解读，有利于我们从一个更加系统的视角认知日本住宅区再生事业。

2005年，日本《地域再生法》出台，其中指出了住宅区再生的方向性：①由于居住者的老龄化，多世代的生活场所产生了很多课题。关于住宅区，通过引入生活便利设施和就业场所，创造男女老少都可以安心生活、工作、交流的场所。②市町村在一定的区域内，通过多样的主体联动，为住宅区再生进行综合整体的计划制定，推进各种行政程序，实现更快的一站式住宅区再生。包括引入多种建筑用途、提高地区交通的便利、完善介护服务，以及活用城市建设的专业知识。

为进一步给地方政府提供指导方针，2022年国土交通省住宅局出台了《迈向可持续社区发展的住宅区再生导则》。该导则从社区营造的视角出发，针对住宅区面临的问题，如居住者变化、硬件设施老化、空房增加、自治力低下等，归纳总结了9个主题：健康与福祉、子女抚养、生活服务、交通、工作、居住、居住环境、防犯罪与防灾、社区关系（图4–2）。每个课题都由相应的地域组织团体、企业、大学、政府部门合作推进。

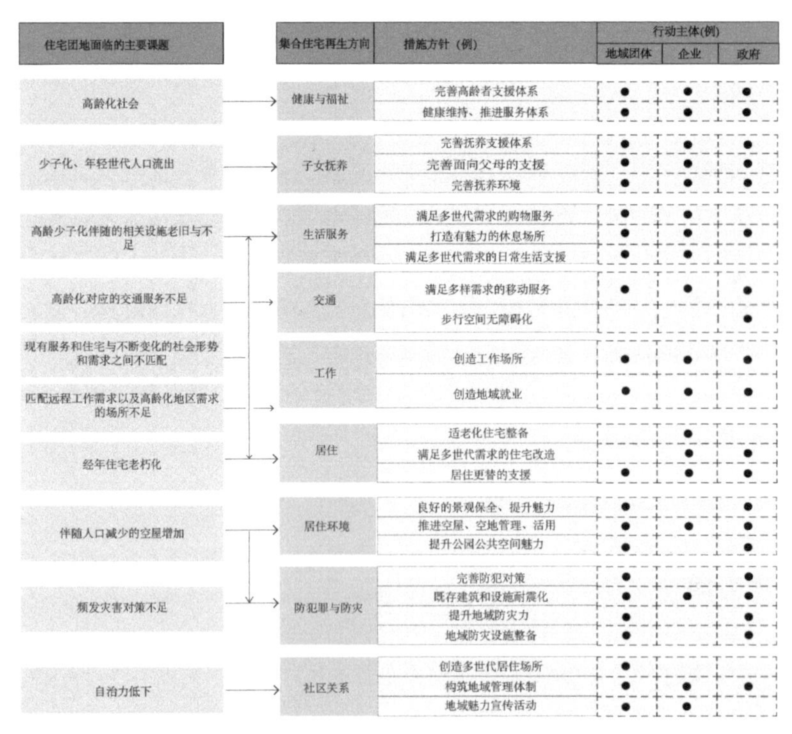

图4–2　住宅区再生导则9个主题方针

4.2.2 社区营造视角下的住宅区再生实践体系

社区营造视角下的住宅区再生实践更加关注如何让多元主体参与进来，共同决策住宅区再生计划。接下来本章节将基于住宅区再生导则，从实施流程、主体组织与商议体制、政府支援与建设公司的角色三个方面对实践体系进行阐释。

1）实施流程

进行住宅区的课题挖掘，通过现场调研、问卷收集、网络调研等方法归纳出居住区主要面临的问题。实施工作坊，利益相关者共同参与规划，听取意见，组成推进住宅区再生的协议会，共同商定再生方针。进行具体的措施探讨，具体设想主体、职责分担（谁）、场所（在哪里）、手法（如何）、所需费用等，然后再作决策；其中，如何让居民拥有自主性，参与企划和运营，让居民能够在自己的区域内自由活动这一点也很重要。在政府支援下实施再生方案。

2）相关主体组织与商议体制

负责商议计划、推进住宅区再生的相关主体主要由地域组织（如自治会、学校协会[1]）、主题性地域团体（如志愿组织、非营利组织等）和民间企业（如店铺业主、建设公司等）三大类构成（图 4–3）。来自不同组织的主体构成社区营造协议会，共同商议住宅区再生计划。根据不同的地方和政府组织合作方式来看，商议体制也产生了以下几个类别：①以自治会等为主体的地缘组织商议体制，即自治会主导，行政及专业人员进行支援、实施讨论。②以政府部门为出发点的多主体参加商议体制，即由政府部门把握现状、专业人员提供建议、整理

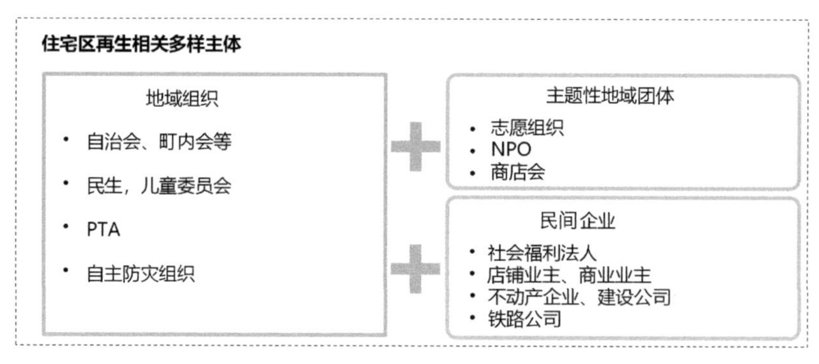

图 4–3　住宅区再生相关多样主体

1　学校协会 (Parent–Teacher Association）是各学校组织的、由家长和教职员（不包括儿童）组成的社会教育团体。

再生指南；举办面向自治会的听证会与面向居民的意见交换会，从而策划制定“地区再生指南”。③“产官民学”多主体联动商议体制，即产业部门、政府部门、民间组织、大学合作设立研究会，共同商议、策划和制定各地区的“住宅区再生计划”。

3）政府支援与建设公司的角色

政府支援在住宅区再生的三个阶段中发挥了不同的作用。首先，在体制构成的过程中，政府起到了对接地方组织居民与从业者的作用，例如进行合作企业的招募、与相关企业的接触等。在体制组成后，政府作为事务局进行协调，支援后续讨论。其次，在住宅区再生方案中，政府部门起到了辅助专业探讨以及提供建议的支援作用。有些地区缺乏相关经验，政府可以在住区再生的推进方法、交通和城市规划等方面提供专业的咨询。例如强化地区咨询窗口、派遣咨询专家、参加地区会议并提供建议等。此外，政府还会对有关设施建设等法规等进行修改，探讨地区和行政的职责分配，通过补助制度等进行费用方面的支援。

建设公司作为部分住宅地的建设主体，在日本住宅区的再生中也发挥了推动合作体系建设和咨询的作用。例如，日本著名建设公司大和房屋工业有限公司积极参与住宅区再生建设，在兵库县三木市的“绿之丘·三木青山住宅地再生事业”中，大和房屋工业有限公司与郊外住宅地生活形态研究会以及三木市、绿丘町城市建设协议会等机构合作，通过“产、官、学、民”相结合，致力于现有住宅园区的再生事业。此外，在“上乡新都市”住宅区再生项目中，大和房屋工业有限公司与上乡新都市自治会、横滨市、东京大学一起，共同探索出新的协作体制。

4.3 社会性住宅区再生案例

4.3.1 UR 主导的住宅区再生

UR 是指具有一定政府职能的独立法人都市再生机构，UR 租赁住宅是日本占比最大的社会性住房类型，由 UR 主导的住宅区更新已有非常多的实践，形成了较为健全的体系。2018 年公布的《UR 租赁住宅存量活用与再生展望》根据 UR 租赁住宅存量特性进行多样的活用，将 UR 住宅区更新分为三种类型：存量住房活用、存量住房再生、对土地所有者的让渡返还（图 4-4）。其中，对于存量再生类型的住宅区，将“重建”、“集约”、“用途转换”、“改善”等作为住宅区的再生手法，将 UR 租赁住宅存量作为地区资源加以活用。具体包括对部分或全部住宅区进行重建，根据地域特点导入新的功能；住宅区集约化（包括同一生活圈等以区域为单位的住宅区集约化），同时根据地区特点导入新功能；用途转换住宅区根据地域特点可用于 UR 租赁住宅以外的用途（包括民间住宅等）；对应高经年化（长寿命化、无障碍化、耐震化等）进行改善的同时，也实施公共部分或住户内改建等。

UR主导下的住宅区更新比较偏重公共空间和住宅本身等硬件上的改造，接下来将在公共空间再生和住宅及外部空间改造两方面举例说明相关实践（表4–1）。

UR租赁住宅区再生类型 表4–1

类型	方向性
存量住房活用（约25万户）	在充分利用现有建筑的基础上，根据生活方式的变化实施改造，根据地域及园区等特点进行多样化的利用
存量住房再生（约2万户）	为应对住宅老朽化，通过实施存量改造，根据不同地区及园区的特点进行多样化的利用
对土地所有者的让渡、返还等（约2万户）	在整地租赁地型的城市住宅，特别租赁住宅中，实行对土地所有者的让渡、返还等

1）公共空间再生创造聚集场所——洋光台北住宅区域再生

公共空间是住宅外部环境中最具多重属性的区域，从公共空间入手进行住宅区更新，重新设计居民之间的关系，住区与城市之间的关系，已成为提升住区活力的重要手法。洋光台北住宅区诞生于1970年，开发半个世纪以来，随着入住者的高龄化，建筑物本身也在老化。如何激活建筑与外部环境，吸引更多居住者入住这里，成为亟待解决的问题。该再生项目由日本建筑师隈研吾和佐藤可士和主导，希望通过公共空间设计创造人与人聚集的场所，形成一个更具活力的社区。通过集会广场改造，以及会所设计，公共空间被重新定义。咖啡馆、杂货店等新店铺陆续入驻，广场上举办节日活动，以及大人小孩的聚集，形成了新的热闹景象。新建、改建、既有部分共存，创造出与文脉相适应的各种交流场所（图4–4）。此项目采用了将居民、政府、UR融为一体，以UR租赁住宅区为核心推进区域管理[1]的先驱性举措，为日本可持续发展的城市建设提供了启示。

2）住宅楼及外部空间改造——云雀丘、向丘、花见川住宅区再生

UR主导的住宅区再生中，对于住宅楼本体的硬件改造是一种主流的模式。例如在云雀丘住宅区的整体再生规划（图4–5）中，118号住宅楼内部通过拆除部分楼板与隔墙的形式，改造为小区活动站。94号楼则是加装了坡道与电梯，作为老年人专用住宅被重新利用。此外，小区内部增设了面向育儿和养老的公共设施，伴随着绿地和广场的重新开发，形成了更为合

[1] 区域管理是指以特定区域为单位，以民间为主体，积极开展城市建设和区域经营（管理）的活动。现在，出于对民主导的城镇建设、民官合作型城市建设的期待，大城市的市中心、地方城市的商业区、郊外的住宅区等，都在实践区域管理。

图 4–4　洋光台北住宅区更新现状

图 4–5　云雀丘住宅区

图 4–6　花见川住宅区

理的一套内部动线。向丘住宅区则是集中对三栋住宅楼进行了实验性的改造，二层以上增设了贯穿建筑南北的公共走廊以及外部阳台，从而创造出建筑内的公共空间；同时通过安装电梯、强化隔音隔热等一系列的措施改善了居住环境。花见川住宅区（图 4–6）是 UR 与无印良品一同打造的住宅区再生项目。除了对住户室内环境进行维护与更新外，还为住宅区内的商店街打造了一套再生计划。拆除商店街上方的顶棚以扩大视野，同时用增添座椅等方式来促进使用者在商店街的聚集和停留。规划人员还积极筹办各类跳蚤市场等活动，吸引外来人员参与到再生计划中。

4.3.2　公营住宅的民间活用

一方面，活用民间力量进行建设、更新、管理是政府运营公营住宅存量的一个重要手段。在政府的支持下，民间企业会使用政府和社会资本合作（PPP）/ 私人融资活动（PFI）模式提出再生提案，协助地方公共团体对人口动向、地区现状进行探讨，并对公营住宅进行重建。大阪府枚方田之口住宅区更新通过民间资金活用，在府营住宅改建的剩余土地上建设独栋住宅和适老化住宅。在京都市市营住宅更新中，民间资金被活用于住宅重建过程中公园和社区中心的建设、建筑的维护管理以及入住者的转移支援等方面。

另一方面，公营住宅在直接转换为民间租赁模式下实现再生。20 世纪 60 年代，大阪府大东市建设的公营住宅饭盛园第二住宅的更新，是日本首例以民间主导的公民合作模式推进市营集合住宅重建的案例。大阪府大东市与民间企业大东公民合作城市开发有限公司一起推进再生计划，建筑物的运营由“东心公司”具体负责实施。随着人口减少、老龄化推进，住宅老化成为课题，大东市市政府设想未来需求，将公营住宅剩余的住户转换为没有房租补助的民间租赁。为了维持入住者的可持续性，还必须努力提高作为生活基础的区域的魅力。该计划的主导项目活用散布在该区域的公共资产，进行一体化、阶段性的区域开发。更新事业将原有的公营住宅全部拆除，建设了新的公营住宅和民间租赁住宅区。新住宅区配置了 6 栋木造低层共同住宅、商业设施楼、公园等，主要分为三个区域：低层木质住宅区域、公园区域及民间社区商业区域，包括手工坊、食堂、杂货店、工作室、烘焙店等（图 4–7）。

4.3.3　政府主导下居民主体运营的社会性住宅区再生

接下来本章节将目光转移到以居民为主体的更新类型。明舞住宅区位于神户市中心以西，开发主体是兵库县政府及住宅供应公社[1]。由于建筑物老化和居住者高龄化等问题日益突出，在拆迁约 40 年后的 2003 年，兵库县政府主导制定了“明舞住宅区再生计划”，并以该再生计划为基础开展各种事业。2006 年，政府实施了“明舞住区再生竞赛”，根据收到的应征提案提出了四个概念，推进再生的措施。整个再生过程分为两个阶段：第一阶段通过居民工作坊和再生方案竞赛的方式进行计划的制定；第二阶段是再生组织和基础设施建设，即营造作为能持续支援住宅区再生的地域组织，诞生了“明舞社区营造委员会”。最终明舞住宅区形成了一套比较完善的以居民为主体的运营体系：包括社区营造决策机关、研究咨询机关、交

---

[1] 地方住宅供应公社是为了作为承担国家及地方政府住宅政策一翼的公共住宅供给主体而履行其职责，根据地方住宅供应公社法设立的法人。

图 4–7　大阪府大东市市营集合住宅更新现状
（右侧图显示了新住宅区的三个构成区域，最西侧为新的低层木质住宅区域，一共有 6 栋；中间为公园区；东北侧为民间社区商业区域，图片来源：大东公民联合有限公司官网）

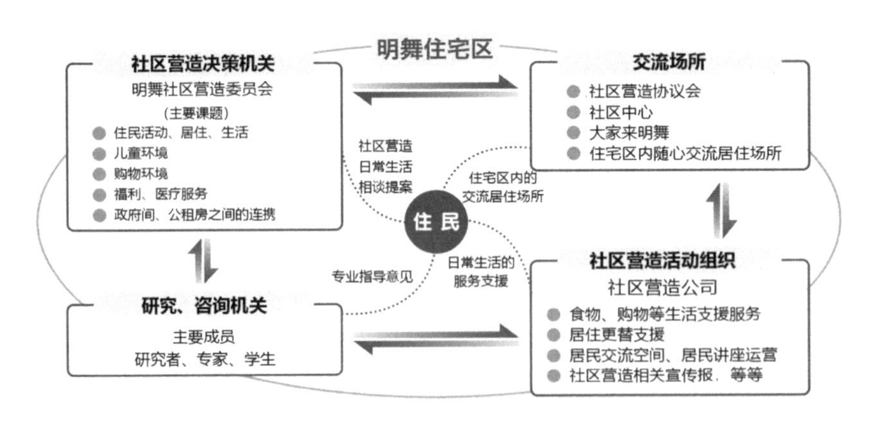

图 4–8　兵库县神户市明舞住宅区及再生运营体系

流场所、社区营造活动组织（图 4–8）。

位于大阪的茶山台住宅区由大阪府住宅供应公社建设管理。为了激活社区的社会关系，公社计划将每个社区不同的“故事”向外传播，于是在 2016 年度新设立了“企划宣传小组”，以“茶山台园区”再生项目为契机开始了宣传活动。项目被定位为：共创型内部改造，独立的园区再生方案，面对社会问题的先驱性事例。其中，公社作为协调员，居民作为城市建设的主力军，强调形成共创型的内部关系。兼具集会所功能的“茶山台图书馆”在社区内运营，现已成为超越社区界限的区域交流据点，在与居民不断地对话中体察民情、解决问题，建立了“共创体制”。此外，居民不仅被视为“服务的受益者”，还被视为“共同致力于社区重建的伙伴”。公社站在“协调者”的位置上，全力支持居民的想法。

4.3.4 公营住宅的适老化改造

面对住宅老化的存量再生和居住人口急速高龄化等课题，公营住宅承担着为老年人形成优质存量的功能，适老化改造成为一个很重要的再生方向。山口县的公营住宅改善事业着眼于“全面改善”和“个别改善”，其中全面改善的比例较高，因为 1965 年以前重建的住宅基本完成，财政上有重点致力于改善事业的拨款。除此之外，在存量更新时期，除了重建以外，将保留建筑躯壳，对住户的内部进行装修、设备进行全面改善，同时对共享部分进行无障碍化等“整体改造示范事业”（表 4–2）。表 4–2 具体说明了不同类别的改善事业对应的具体改造内容：共用部分围绕电梯设置以及安全改造和无障碍化展开，住户部分包括室内装修、设备的改善。

山口县营住宅改善事业内容　　表 4–2

改善事业		共用部分	住户部分	施工方法
全面改造		○ 公共部分的安全改造和无障碍化 ○ 四层以上设置电梯（公共走廊 + 住宅楼内）	○ 以新建房屋为标准的内部装修及设备的全面改善 ○ 住户模块的变更	需要以住宅为单位临时迁移
部分改造	附带电梯的住宅改造	○ 电梯设置（楼梯间平台） ○ 设置楼梯扶手等，使公共部分无障碍化	○ 住户无障碍通道 ○ 老年人友好设备 ○ 老年人无障碍标准的统一化	以住宅为单位也面向入住宅户施工
	银色装修		○ 住户无障碍通道 ○ 老年人友好设备	住户单位以空住宅为对象

4.4 日本社会性住宅之展望

日本社会性住宅在功能上不断回应着时代变迁下的新需求，在日本社会、行业、学术界都泛起了层层涟漪，推动着“产、官、学、民”联动体系的发展与成熟。

在地方分权的趋势下，社会性住宅的发展与地域计划愈发息息相关。《公营住宅法》将入住居民的收入标准、同居亲属条件、建设标准委托给地方自治团体，因此可以说地方自治团体获得直接管理公营住宅的权力。地区再生计划解除了之前对入住对象的限制，使得“公营住宅目的之外的使用”成为可能，公营住宅开始为原本入住对象以外的各种居住者提供住宅。2008年在雷曼危机[1]的社会背景下，政府开始为离职者提供公营住宅，其对象为不满足当初公营住宅入住条件的单身人士。2011年东日本大地震后，许多自治团体为灾民无偿提供公营住宅，社会性住宅承担了越来越多样的社会职责。此外，很多自治团体将公营住宅开放给年轻家庭以及大学生，为社区注入新的活力。公营住宅可以再生成为亲子居住和学生居住的混合社区，也可以作为社区活动的中心和老年人、育儿服务的据点。放眼未来，各地方团体如何将社会性住宅再生政策结合到各自的地域计划中，以更好地促进地域和社区发展，值得期许。

社会性住宅的更新对建设相关的各行各业影响深远。其中地产公司、建筑公司、铁路公司，甚至一些零售公司都积极投身到更新过程中，业务也从单一的建设向社会设施服务等多元化方向转型，肩负了更多的社会使命。例如前文提到的大东公民合作城市开发有限公司，负责建筑物的运营东心公司，以及著名的日本大和房屋工业有限公司，都积极参与住宅区再生建设，回应着少子化、老龄化、房屋空置等社会问题。此外，近年来随着居住者对租赁住宅的需求变化，住宅作为建筑不只需要从抗震性、隔音性、隔热性等方面进行优化，还要通过设计满足不同居住者的生活方式。因此如何从建筑设计和技术两方面进行住宅区再生优化是需要持续探索的课题。UR和以独特设计著称的无印良品公司联手共同开发了一系列住宅小区改造项目，是创造租赁住宅新生活方式的尝试，旨在能够成为未来日本人的生活标准。

在日本学术界，社会性住宅区更新也推动了对住宅区相关研究的关注点转向。追溯到20世纪末，早期研究主要围绕关键词“住环境”，集中在对“物理环境”和“社会环境”的关注。面对住宅区再生，研究也转向了对现状的探索和挖掘再生的课题，从而对实践起指导意义。例如，通过对不同种类的住宅区公共空间（商店街、绿地、道路等）、设施（保育、适老化、出行交通等方面）、人口（老龄化情况）及居住状况（居民活动及社会关系）的研究来协助地方团体形成再生策略。此外，对居住环境建立评估体系也构成了一系列课题，如对安全、健康、便利性、可持续性等方面的评价。除了住宅硬件上的研究，支撑住宅区再生的社会体系也是相当重要的一个侧面，包括再生手法和协作制度的研究。东京大学先端科学技术研究中心的郊外住宅地再生社会合作研究部门，以大学和开发事业者为中心，在与政府、地区居民、当地企业等合作开展研究活动的同时，探索相关主体的有效合作方法，

---

[1] 2008年，美国第四大投资银行雷曼兄弟由于投资失利宣布申请破产保护所引发的全球金融海啸。此次金融危机对日本也造成了影响，日本政府开始强化金融管制，经济衰退之势逐渐显现，尤其是企业衰退较为明显。

构建必要的手法和制度。在“公众参与”与“合意形成”[1]相关研究中，探讨如何促进公众参与再生计划决策，如何协调多种多样的利益相关者以及重建居住者之间的共识，也是此领域未来备受关注的方向。

（徐紫仪　撰写）

[1] 在日语语境指建立共识是即利益相关者（不同的利益相关方）之间达成共识的过程。具体而言，它是指通过讨论揭示相关各方不同的潜在价值观并在决策中达成共识的过程。

全球视野下的社会住宅
DESIGNING SOCIAL HOUSING FROM A GLOBAL PERSPECTIVE

第二部分
实践者的职责

第 5 章　访谈：当代社会保障性住宅的设计[1]

马岩松，MAD 建筑事务所创始合伙人、主持建筑师

张佳晶，高目建筑事务所创始人、主持建筑师

何可人，中央美术学院建筑学院教授，国际工作室及第 16 工作室导师

5.1　设计的机缘

何可人（以下简称“何”）：这几年关于社会保障性住宅的问题逐渐成为热点，两位建筑师各自的事务所也都有优秀的项目建成并引起大众、媒体和专业内的广泛关注。例如 MAD 在北京百子湾地区设计的燕保 · 百湾家园，高目在上海做的龙南佳苑和临港双限房等项目。请问是什么样的机缘让两个事务所最早开始接触这些项目的？

马岩松（以下简称“马”）：我其实长期以来就对这个话题挺感兴趣的。因为看到国外，比如像欧洲、日本等有各式各样这种集合住宅，所以有一段时间就挺关注这个主题。有一次我在北京办了一个展览，有一个领导看完展览后说：“你这里没有住宅呀？”可能北京市领导最关心的就是“住”的这些事情吧。当时我回答说，我一直关注，也很想做。领导说：“你要是没设计过住宅，就不能算是个好建筑师。”我现在还记得这话。我那时候一直很关心集合住宅的事儿，并且当时开始在清华带设计课，就开始做集合住宅。[2] 我不太确定是先选的清华的课题，还是燕保 · 百湾家园的项目，或者就是差不多在同时发生的。其实在我们这个项

---

[1] 访谈文字来源：张佳晶的文字来自本人的撰写，马岩松的文字是根据 2023 年 12 月 8 日与何可人线上访谈的内容编辑而成。

[2] 马岩松在 2014—2015 学年担任清华大学建筑学院本科三年级开放式建筑设计专题课程的客座导师。

图 5-1 北京燕保·百湾家园公租房（图片来源：存在建筑）

图 5-2 上海龙南佳苑公租房（图片来源：高目官网）

目之前还有一个焦化厂项目曾找到张永和与崔愷两人合作，[1] 当时北京想有一些标杆性的、有设计感的项目，也是为了让建筑师群体更关注这话题，可以做一些创新。所以这也可能是为什么找到了我们做燕保·百湾家园项目（图 5-1）。

张佳晶（以下简称“张”）：高目的那两个项目来源是基于我多年的住宅研究“聊宅志异”系列和 2011 年上海出台公租房导则的事情，政府有通过公租房改变城市居住现状的需求，而我们正好准备好了（图 5-2）。

5.2 当今的挑战

何：我国在 20 世纪 50 年代计划经济下设计的住宅其实都类似社会住宅，与西方“二战”后大规模作为福利给普通大众设计住宅的行为类似。改革开放 30 多年中我们的社会经历了住房建设的迅猛发展，仿佛是突然间商品住房就到达了饱和，城市发展也突然到了几乎饱和的状态，开始与世界发达国家的大城市一样，进入了城市更新和存量发展的时代。抱歉用了这么多个“突然”一词，可能是因为我们这一代人大学毕业之后的成长历程正好和这 30 年大致契合吧，常常会感慨时间过得太快。在商品房开发的冲击下，社会住宅发展相对缓慢和落后，近年来商品房饱和，国家开始重视社会性住宅的设计。请问，两位觉得我们今天设计社会性住宅，与 20 世纪 50 ～ 70 年代有什么差别？你们在设计过程中最大的挑战是什么？建筑师在其中起到的作用有多大？

---

[1] 指的是 2015—2019 年北京市保障房建设投资中心邀请张永和与崔愷联袂规划设计的北京焦化厂附近的共 5000 多套公租房。

马：我们在做大量的创新和努力，都是在改变。其实我觉得中国城市现状中大量设计的住宅，与20世纪五六十年代相比有点儿差别，但是不大，我觉得差不多——那个时候有什么样的问题，现在还是那个问题——比如说功能特别单一，配套以及跟城市融合的思考都特别不够。现在也是一弄一片，就是单纯地解决“住”的问题。就社区感来说，我甚至觉得以前还更好点，因为那时候大家都平均。我们想做的创新其实挺多的，我觉得今天跟以前不一样，因为现在社会分层已经很严重了，所以今天的社会保障房其实有一个最大的功能，是弥合社会的矛盾与不平等。商品房是在制造不平等——有的便宜，有的却是豪宅，使劲要制造出这种“等级”。因此住在社会住宅的这些人，除了住房的问题，在心理上落差特别大。我去看了好多这种项目，不管这房子给他什么样的，他都不满意，都觉得政府亏欠他了，社会就是对他们不好，觉得跟城市的其他人没法融合。所以我觉得现在做社会住宅，最大的任务应该是怎么能提倡一种开放、公平、平等、自由的氛围，让住户有一种融入这个城市，或甚至成为城市主人的感觉。

其实，在国外几乎没有封闭小区，住区都是融入社会，跟城市是一体的。我们现在在国外有好几个住宅项目，在巴黎、洛杉矶、温哥华等地，几乎都是地产商做开发的时候被要求必须有一定数量的社会住宅。你问建筑师能起多大作用呢？我们那个百子湾的项目就是领导说这是一个可以做实验的机会，希望各个部门配合。我们之前没有很多住宅经验，也是初生牛犊不怕虎，比较放得开，做出这么一个方案，提出几个原则性东西，后来就审批过关了。我们建筑师能做的其实就是提建议，如果你很有话语权呢，你可以尽量去影响，但是也很难。对很多建筑师来说换一个项目就不一定能实现同样的想法了，因为对于住宅这种类型，以前形成的习惯太顽固，你想做点创新很难（图 5-3，图 5-4）。

图 5-3　燕保・百湾家园底层社区街道（图片来源：朱雨蒙）

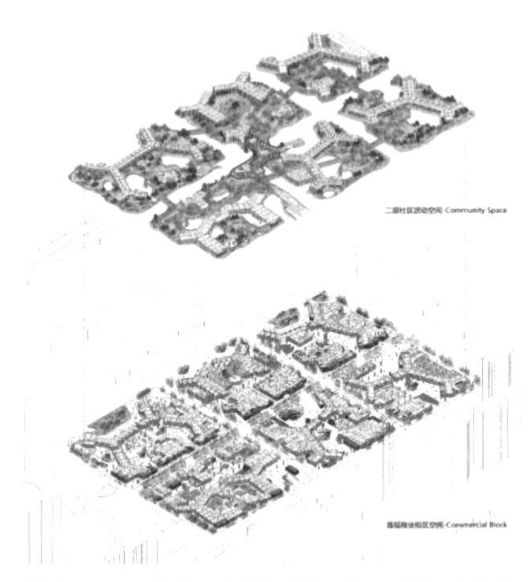

图 5-4　燕保・百湾家园社区轴测分析（图片来源：MAD 官网）

张：中国当下的社会住宅概念非常混乱，从后房地产时代的经济适用房到公共租赁住房再到现在保障性租赁住房，内涵都不一样，而且过程中还夹杂着廉租房、限价房等概念，也有些商业属性的人才公寓、长租公寓。与20世纪50年代的那种纯粹由政府开发分配的住宅不一样的是，现在的居住者构成、开发主体和财政来源的不同。我们当下的社会住宅体系正经历着由政府主导的公租房向企业主导的保租房过渡，公租房建设上政府需要投入的土地和资金很庞大，而保租房则由于土地成本高，国企开发商一般也都很难营利，这是个很难解决的问题。我在设计过程中最大的难题是挑战规范和思维习惯，即使完全满足规范也有些约定俗成的习惯很难去改变，包括开发商和居住者。但规范是影响住宅设计的首要条件，规范的制定取决于政府对城市的目标导向，专家在这个领域基本失语。建筑师在项目中的作用要看你面对的决策者是什么地位，如果是政府官员，那么我们谈理想谈目标即可，可以四两拨千斤；如果是开发商，那么势必要运用专业的态度来跟他谈利益，几乎是千金拨四两。但这个里面也可以找到创作空间，这依赖于对住宅设计从报批到营销再到运营整个过程的高度了解。但要达到专业上和利益上的共赢，当然需要妥协。

关于中国的这些租赁类保障住房到底是应该叫“社会住房”还是“公共住房”值得讨论一下，我现在更倾向于叫“公共住房”。

5.3 社会住宅的公共性

何：我看两位在设计中经常关注的是社会住宅设计的公共性，强调公共空间的重要性，以及住宅跟社区、城市的关系。社会住宅的“小居室”，共享“大空间”似乎也成为现在的一种趋势。两位是否能展开谈谈，这些理念在付诸实践中有什么样的矛盾，以及应该如何解决？

张：公共性当然是住区必须关注的问题，尤其是小户型的租赁住房，对于外部的空间共享需求会高于普通住宅。我们在一些案例中，多是采用硬化较多的公共广场、局部两层架空预留空间、屋顶花园、公共连廊等做法，空间并不一定特别大，根据不同用途可以有不同层级。在当下，至少在上海，还做不到公共住房小区向社会开放，但是我们通常在做的是保持社区内的开放性，比如龙南佳苑里面的一些自习室和晾晒空间（图5–5）。开放和封闭是一个程度问题，关键在于私密的边界在哪里，规划层面的小街

图5–5　龙南佳苑（图片来源：高目官网，摄影：CreatAR Image）

区设计也是解决开放和私密之间矛盾的好办法。

马：我们在项目中的一些做法，比如打开围墙，把街道引进去，在街道层做出环境设计，也是希望外边的人也能进来；甚至希望通过设计能让空间有一种吸引力，有一种自豪感，居民能感到社区归属感，而不是靠像豪宅那样弄一个墙把自己围起来，像是高级监狱的感觉。我觉得这可能在今天是第一位的，就是树立这样一种价值观。设计社会住宅的终极意义就是社区中的人们都觉得这个环境是好的，我们都是城市的主人，我们都是平等的。你可以设计一个条件不错的住宅，但是能不能通过空间的设计缓解心理上的问题，这个最难。再加上社区运营及后期管理的共同作用可能才能达到这个效果。

其次是关于“住”，就是人怎么住这个问题。比如要考虑配套、设施完善不完善、社区里面的服务等，这可能跟以前也不一样了。其实我们得到的燕保·百湾家园项目的任务书里，这么大一个小区要求的配套就是2000m^2，我们说服了业主，主动提供了很多的公共空间。现在大部分项目其实都没有这种要求。我们在燕保·百湾家园提供了很多空间，这些商业靠小区自己也是养不活的，所以必须开放到城市，而且周边那些规划也都是配套不足的住区，所以正好可以在这里共享，这里的住户便可以成为这个城市的一部分了。但是我也遇到部分不愿意共享的住户，他们觉得有安全问题，希望用围墙隔开，这也是传统观念吧。我们通过这个立体的设计（指架高的二层平台），将二层设计成居民的社区空间，一层就变成城市空间，或是社区与城市之间的空间，这是一种尝试。我们想达到的也是一个住宅设计的创新吧，因为即使不是保障房，就算一般的住宅，中国住宅也是大同小异，千城一面，所以我也想通过这个设计，在建筑设计上从空间形态、社区环境到房型设计，尝试一些新的可能性和多样性，这些肯定都是不小的挑战（图5-6，图5-7）。

图5-6　燕保·百湾家园广场（图片来源：CreatAR Image）

图5-7　燕保·百湾家园鸟瞰（图片来源：何可人）

5.4 制约因素

何：各地方住宅设计的法律规范是个重要的制约因素，你们觉得现有的规范合理么？如果让你们去参与改善规范的制定，将会怎么做？

张：有不少不合理的地方。拿去年的《住宅项目规范》来说，有一些条款缺乏细致的思考，我已经在一些会议上向崔愷院士反映过，也在《建筑技艺》的公众号上发表过详细的文章。而 2022 年 12 月 1 日新发布的上海租赁住房最新设计标准，依然有很多欠缺之处。我们很想参与，也经常对于各种征询稿都做回应，也会写 Email 和公开信给规范制定方，但大多没有作用，但我很想看看这次崔院士的转达和《建筑技艺》的转载是否能有作用。规范是建筑师及规划师构建城市的基础代码，建筑学的力量在其面前不堪一击，所以，我是一直长期关注规范（图 5–8）。

图 5–8 临港双限房（图片来源：高目官网，摄影：CreatAR Image）

马：我觉得现在的住宅规范的主要思想是要防止“坏人”，因为以前总是有项目“偷”面积，搞得住宅品质下降，因此出台的规范就是要控制住最低的要求，让你再搞不出来“偷”面积这种事。一是现有的住宅规范，二是再加上强制性的规划，比如说强排这种事，造成你的设计没有别的可能性。即使是商品住房，也有可能想做公共空间和立体绿化之类的，但根据现在的规范是没办法做的。再说公共保障房，虽然日照不是强制性的，可以做朝北房间。但是我不想有朝北的房间，希望所有的房间都有阳光，因此做的是单面走廊，然而这样就造成了使用率低。还有想底层做更多的架空公共空间，按照规范算建筑面积和可租使用面积的时候，使用率就变得很低，这些都转嫁到租户上。租户按总建筑面积去交钱的时候就会说，你这房子好是好，就是使用率太低了。这种为城市社区空间做出更多贡献的设计应该是被奖励的。比如说空中要做绿化，那就应该提高限高；将底层架空还给城市更多的空间，项目总面积便应该得到奖励性补偿。国外这类规范其实搞得很细，比如在马来西亚、新加坡等地，住宅计算方法非常复杂，无论是社会的还是政府开发商做住宅的时候，通过各种计算便可以鼓励你去搞类似立体绿化、空中的公共空间等。比如说如果你提供立体绿化，总的绿地率到达一定标准便可以获得更多的建筑面积，鼓励你可以多挣钱，只要你愿意多花些钱去做这些对城市有益的东西。

5.5 建筑教育

何：关于建筑教育，我们中央美术学院建筑学院的几个教师负责的国际工作室，从2014年便开始研究社会住宅和城市更新，并且至今一直将其保留为工作室的主题。产出基本以本科生课程设计为主，多年以来慢慢积累了不少内容。同时也与国外一些院校合作，比如伦敦的威斯敏斯特大学建筑系DS（3）7工作室从2015年一直与我们合作社会住宅的课题，我们双方的学生在一起，一个学期做北京，一个学期做伦敦。疫情前双方往来也特别密切，学生一起在北京和伦敦肩并肩工作，老师们也频繁往来参与教学和评图。这种交流非常有意义，首先是双方领悟到不同文化背景、历史传统、社会习俗、城市肌理和建筑规范对于居住这种行为的影响；其次更难能可贵的，是在许多不同中寻找到相同之处，就是人作为个体和家庭的成员，无论其所处的文化和地域有多大差别，对于居住和社会性行为都有着最基本的要求。2020年威斯敏斯特大学工作室张中琦等出版了一本《双城记，联合国际设计工作室2015—2020》（以下简称《双城记》），就是记录我们这个联合工作室的合作成果（图5-9），我也参与了此书的编辑。两位对于在建筑教育中关注社会住宅主题，有什么样的想法、感受和建议？

马：我觉得无论是社会还是住宅这两件事都太重要了。即使是社会住宅，我觉得也不是一种专门的建筑类型。回到这句话，“没设计过住宅，就不能算是个好建筑师”。然后就是社会性这个问题，其实社会性不只是体现在住宅设计上，年轻学生理解城市和所有类型的建筑，其实都得从这个角度出发，这就是公平性、方便可达性、人文性等。这是判断什么是好的建筑的标准，我觉得这个价值观如果没有树立起来，大家做建筑都找不着北，不知道为什么，可能只是跟着潮流这一下那一下的。我觉得这是一个非常重要的主题，可以通过做社会住宅，让年轻人知道建筑使命吧（图5-10～图5-12）。

张：我经常在大学带工作室，同济大学、上海交通大学、东南大学都带过，教学生设计集合住宅很难把握的尺度，就是学生遵守规范的度怎么掌握，我一般会要求一些基本的规范，也会刻意放开一些我认为没必要的要求。但学生作业做这个类型，也就是训练一下基本技巧，有什么实际意义倒也不见得。但过程中，通过真实的讨论让学生既能充分发挥，也要知道自己能这样发挥的前提和未来实践的不确定性，这样可以既饱有理想又能知晓现实（图5-13）。

5.6 全球的趋势

何：我是受到《双城记》的启发，觉得我们也应该出一本书，总结和整理一下将近十年的教学和研究的成果，并且希望能对现实中城市社区的发展和实践有所帮助。我将此书命名

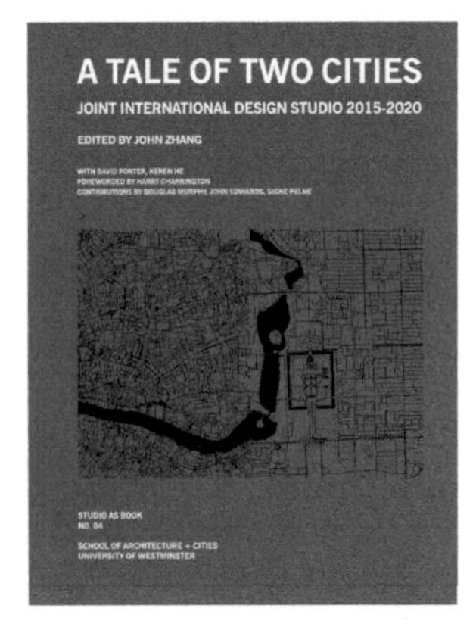

图 5-9　威斯敏斯特大学和中央美术学院联合住宅设计课题成果《双城记》封面

图 5-10　2022 年秋季 MAD 的马岩松、党群与来参观中央美术学院建筑学院国际工作室师学座谈

图 5-11　MAD 自 2009 年设立了旅行基金，每年资助五位学习建筑的学生前往国外进行个人研学旅行（图片来源：MAD 官网）

图 5-12　2022 年马岩松参加中央美术学院建筑学院国际工作室百万庄社会住宅课题的终期评图

图 5-13　张佳晶作为上海交通大学设计学院客座教授，2021 年领衔专业硕士国际项目课题（图片来源：张佳晶）

图 5-14　MAD 设计的巴黎 UNIC 住宅（图片来源：MAD 官网）

图 5-15　MAD 设计的洛杉矶山丘庭院（图片来源：MAD 官网）

为《全球视野下的社会住宅》，一是因为我们研究社会住宅的基础是来自于国外院校的合作课题，二是希望我们能学习到国外城市住宅发展的规律，借鉴他们社会住宅设计的经验和得失，取长补短，寻求适合我国国情的社会住宅设计策略。两位对于国外当代的社会住宅有了解么？是否也有过一些实践的经历？

张：我没有国外设计住宅的经历，但我对国外的住宅设计和住房制度很感兴趣，包括新加坡组屋、日本团地住宅、瑞士住宅合作社等类型，我都喜欢。既对建筑设计本身有兴趣，也对后台运行模式感兴趣，因为任何国家的社会住宅都是国家制度的反映。比如希腊特有的共管公寓建筑形式就是背后的住房政策来推动的。

马：我们现在温哥华有好多住宅项目。在巴黎的项目（UNIC）已经建好了，我们是跟另外一个建筑师合作，在一个底座上一人做一栋楼，底座里有地铁、商店和幼儿园。那个区域跟老城挨着，做了不少新的住宅项目，每一块地都是这样，都是两三个楼由两三个人设计，其中有一栋商品房，就有一栋社会住宅，强行让这两种住宅混合在一起，面积也都差不多。刚才我说那个洛杉矶的山丘庭院（Garden House）住宅，一共才 16 户其中就有 2 户社会住房，是给当地的教师提供的，这都是政府层面的福利。温哥华的社会住宅还要照顾原住民这个阶层的利益。现在全球这种社会公平，还有绿色节能的原则，都已经是最重要的建筑设计指标（图 5-14，图 5-15）。

5.7　未来的期许

何：2017 年我去伦敦的时候，参加了皇家建筑师协会（RIBA）的一次学术讲座，就是关于社会住宅的设计。对谈的两位建筑师，一位是尼弗·布朗，他曾经在 20 世纪 60 ～ 70 年代设计过不少社会住宅，比如我们比较熟悉的亚历山大街住宅。另一个是新生代的英国建筑师彼得·巴博，也是以专做社会住宅著称。两代建筑师坐在一起畅谈城市社会住宅设计的前世今生，很是感动。更让人感动的是，布朗本人就一直住在自己设计的福利特街社会住宅里，我们学生去伦敦参观的时候还去拜访过他。2019 年他获得 RIBA 颁发给他的金奖，算是终身成就奖吧。两位建筑师已经开始在社会住宅设计的道路上耕耘了，你们对于未来的实践有什么样的展望？

马：我个人觉得社会住宅应该更有个性。社会性有时候被强调得过于集体化，这也是有问题的。没有什么理由认为低收入的人就比别人缺少艺术需求或者个性需求，这也是一个平等性的想法，所以我们希望燕保·百湾家园项目在这一点上跟其他建筑不太一样。我们想表达一种朴素的美学。它不是朴素的丑，还是希望追求一种个性的美。我觉得以后我们可能会更追求这种个性，从建筑跟城市的关系角度来说，建筑也不应该是一种融入城市而消失了自我的感觉。我以前就说过没有个性就没法谈人性，因为我觉得集体性是抹杀个性，抹杀个性也等于抹杀人性，20 世纪 50 ～ 70 年代的集合住宅就是这种情况。我觉得未来的社会住宅，首先是“未来”这两个字放在前面，“社会住宅”放在后面。因为未来要重新定义社会住宅，就应该基于人在未来应该是怎么生活的，肯定是更强调人性和个性，人与人之间的不同，个体的情感或者多元化都得被尊重。如果这个不被尊重，也是不成功的。比如说一个人的房间内可以灵活布局，他的社区也可以有特点。比如像燕保·百湾家园这样大的一个社区，在未来我都会建议由几个建筑师来设计，就别一个人全做了。展望未来，就是要追求人的多元和不同，个体性肯定也就是社会性的（图 5–16）。

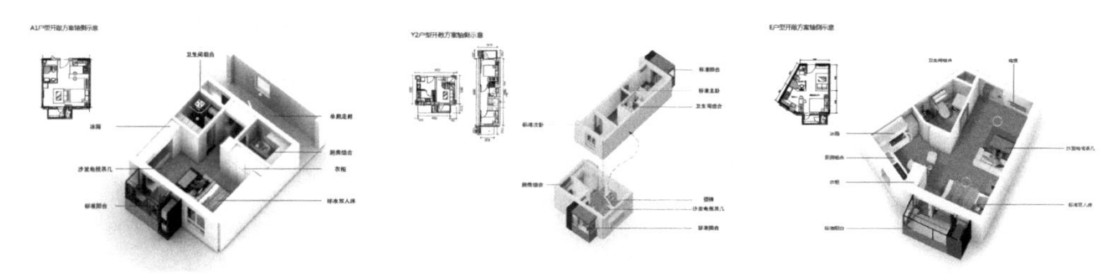

图 5–16　燕保·百湾家园户型轴测图（图片来源：MAD 官网）

张：我也曾经在我设计的龙南佳苑里断断续续地住了两年，感受颇多。我们还有两个公共住房项目在进展，一个已经结构封顶，一个在画施工图，也是高目在住房领域研究实践的 3.0 和 4.0 版本。希望未来能继续通过实践和研究，提高政府部门和开发商的眼界，促进规范的改善，促进政策的出台，改善整体的创作环境，而不是像我跟马岩松这样的单打独斗的英雄主义。也希望自己和团队对每一个建成作品做好长期后评估，通过观察后期使用来丰富我们的数据库（图 5–17，图 5–18）。

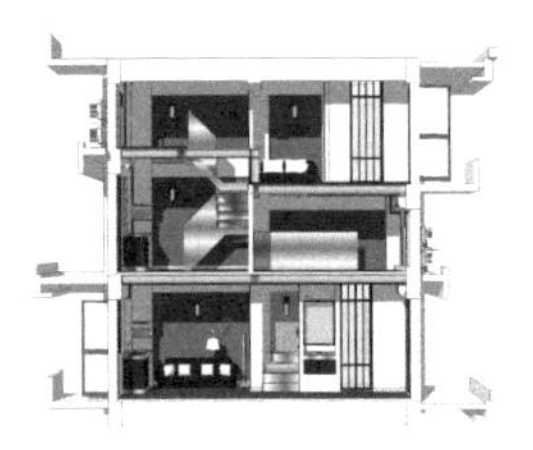

图 5–17　上海龙南佳苑户型剖面（图片来源：高目官网）

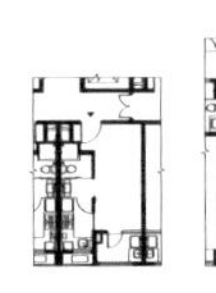

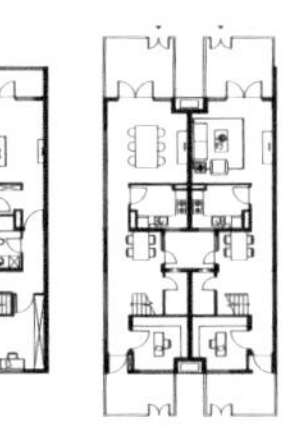

图 5–18　上海临港双限房户型平面（图片来源：高目官网）

5.8　建筑师的职责

何：我看到前阵子两位建筑师一起参加了一个活动，叫作“未来的社区会更好吗？”两位都谈到人们在城市中如何通过居住获得平等、自由和尊重，谈到建筑师的个人理想与用户体验的现实之间的平衡，以及对于日常生活的关注和重视等。作为建筑师，特别是像两位受媒体关注度比较高的建筑师，你们觉得未来对于社区建设的影响主要体现在哪里？是否应当超出常规设计师的职责，而更多地参与到决策、设计、评估、宣传，以及教育等多个方面呢？

张：其实现在的很多项目，建筑师已经不再是单纯地画图作设计，大量的工作包含策划，帮助业主进行决策。我们在西岸的人才公寓项目中就是先进行产品研究，然后配合甲方进行市场调研，分析数据，才最终得出想要设计的产品。宣传和教育则更是一个长期的任务，我记得一个嘉定的公租房造好之后，他们年轻的项目经理感慨：在造好之后才发现这个跟房地产常见的造型不一样的住宅居然还挺好看。龙南佳苑也是，造好之后不但是建设方没有想到这个房子会这么有名，同时也用实例教育了规划审批部门，让他们开阔了眼界。经常发声也是一个很重要的手段，我以前不愿意参加一些论坛和活动，同济的李振宇老师点醒了我，他说如果我不去就会有可能是一个个反对我们的人去，所以干嘛不去占位发声（图 5–19）。

马：实践中如何能重新讨论规范的问题，这个得从行业去入手。既然我们做了一些案例，那得回过头来评估，重新制定或修改一些不合理的条例。我在做百子湾家园的过程中就想容纳一些公共艺术的项目，它里边有些设施本来也需要这种环境设计。我们原本想先设计完以后再请一些设计师或者艺术家参与，但是现在就很难推动了，因为机制的限制，钱从哪儿来，由谁审。我还想如果有一些艺术项目参与，也可以算是社区运营吧。比如有个现代舞团一直想去表演，社区有个居委会，我现在总跟它去沟通，到现在也没能实现。

其实媒体关注度高也不太有用，还是得很有智慧地在这个体制或者运作机制内慢慢地去做工作才行，得有耐心。这个事按理说也不是建筑师的事，你的精力也有限，不可能天天在这里面泡着。所以我觉得最终就得靠社区自己，比如纽约高线公园这个项目，就是这些居民

图 5-19　上海临港双限房（图片来源：高目官网）

图 5-20　燕保·百湾家园架空社区步道（图片来源：MAD 官网）

对自己生活的地方特别热心，特别有热情，然后想搞什么肯定就能成，这也避免某一个外人想做什么事情，但又怕居民不同意（图 5-20）。

5.9　记忆和情感

何：最后一个轻松点儿的话题，我们在设计住宅的教学中常常强调居住（dwelling）这个行为是人类存在的根本意义，而个体的行为、体验和记忆是设计的关键。我们设计课题的第一个环节就是让学生回顾自己的家、爷爷奶奶的家，家中的餐食等，并用视觉的语言描绘出来。我们觉得在未来的设计领域，所有程式化的过程都会被机器取代，唯有从这些个人的体验和记忆出发的创意才可能侥幸留存下来。我记得马工也常常在很多场合谈起自己小时候在北京住胡同的回忆，这里想请问两位，成长的经历是否对你们后来的居住设计有一定的影响？

张：我童年在山东农村姥姥家长大，后来 17 岁之前是在东北的大型厂矿单位里成长。但我到了上海之后，更加迷恋上海老城区那样的居住环境，也曾经在上海的风貌区里工作生活了 15 年。所以，我现在的城市理想更多来自于那 15 年的经历和积累，因为在那段时间，我不但体会到了物理化的城市空间，还跟周边很多的人发生过很多故事，这个印象是深刻的。

关于人工智能对人类的影响，在于你怎么定义人类和人本身。需要思考的是 AI 替代的是哪个层面的人？是物理意义上的还是社会意义上的？我认为，AI 改变的是人和人以及人和外部世界的关系而非人本身，肉身、个体依然是一个可以抵抗的武器，如果需要抵抗的话。

马：我小时候居住的经历，影响的是我对环境的认识。北京四合院有院子有树，比较自然比较接地气，出了胡同就是景山北海，也是自然。所以我整个人的价值，包括建筑观也是跟自然有关系。如果我做一个住宅，也肯定是希望这个住宅接点儿地气，有平台有绿化，当然如果有点儿意境就更好了。此外我觉得你说的“情感”这个事儿也很重要，但这情感不一定是跟自己的童年有关，它可以是很多方面，古今中外都可以有它的感受和情感。我觉得对于居住者来说对生活的感受很重要，它不是一个机器或者一个功能性的东西，住的感觉涉及社区、建筑、空间、材料及细节，都是挺重要的。我对以前住过房子的每个门每个窗印象都挺深，因为每个都是特别的，不是那种标准化的。

说到AI，我想如果让AI设计中国的住宅，现在很难再设计出新的来，因为人就是AI了，已经把所有的可能性都试过了。因为住宅设计的限制太严，未来如果还是这些限制的话，AI也干不了。我觉得AI存在的意义全部都取决于我们对未来建筑的要求有多高。如果它就是现在这样，那用AI就没问题；但如果你有更高的要求，像你说的这种情感和感受这类的东西，比现在满大街这种“居住的机器”要求高很多了，就是现在的人也做不到，AI肯定也是做不到。所以可能未来AI厉害以后，人确实应该是去做那种个性化的、具有个体意识的、有感觉的东西。大家都觉得四合院、园林都挺好，我在想有没有可能把住在山、水、树、院子和廊子中的那种感觉跟集合住宅结合。这些关于住的文化、记忆和理想的要求其实都是比较高的要求了，我们还是先把基本的住的问题解决了吧。

（访谈人：马岩松　张佳晶　何可人）

第 6 章　社会住宅的 1.0 到 4.0[1]

我们姑且将政府、企业持有的带有保障性质的租赁住宅称之为“社会住宅”。高目的社会住宅实践在 2021 年之前基本上分为 1.0 到 4.0 四个迭代过程——我们称龙南佳苑为 1.0 版本、临港双限房为 2.0 版本、徐汇滨江人才公寓为 3.0 版本、城开紫竹租赁住宅为 4.0 版本。前两个已建成，而后两个版本的项目都是在建的状态，与甲方合作的方式也相较于前两个版本有明显不同（图 6–1）。

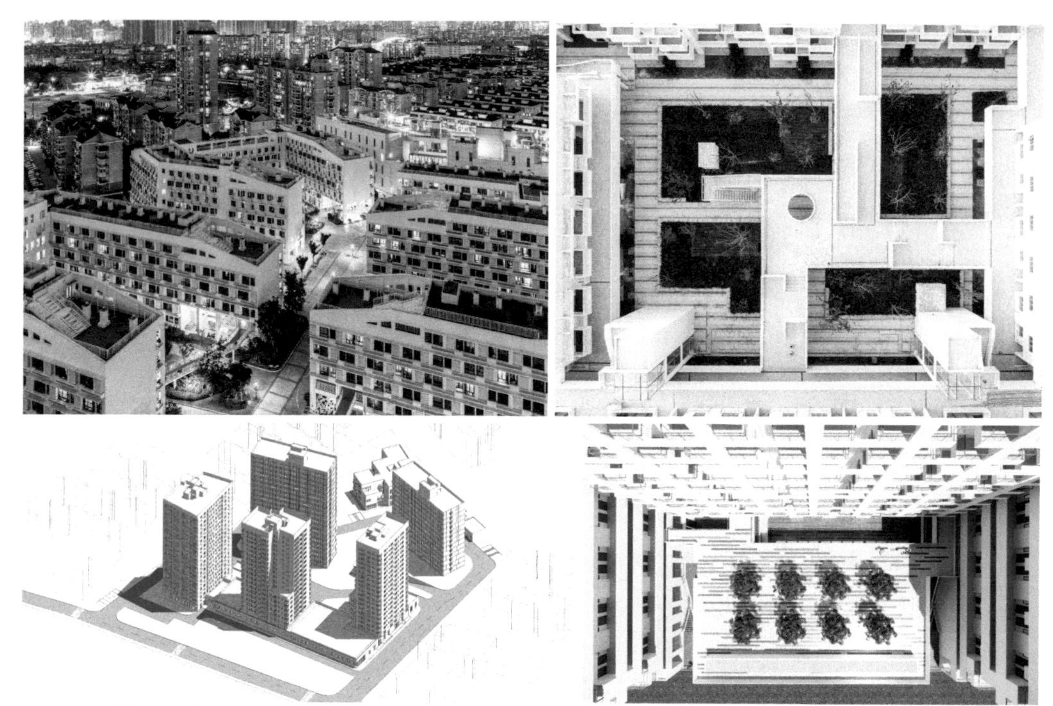

图 6–1　高目设计的龙南佳苑（左上）、临港双限房（右上）、徐汇滨江人才公寓（左下）和城开紫竹租赁住宅（右下）

[1] 本章是根据高目的公众号文章《比白更白》（2022 年 10 月 20 日）和《社会住宅 4.0》（2022 年 10 月 12 日）合编而成。图片除特别标注，均由高目提供。

6.1 比白更白：22HOUSE+ 福临佳苑 + 龙南佳苑

我已经想不起来做“聊宅志异”的时候到底有没有什么功利心和远期目的，但在六年后的 2008 年，“聊宅志异 3”被一些政府领导关注到之后，研究的光芒终于照进了现实，多年积累终于变了现。借着当时国家对于保障性住房的需求和一些地方领导理想主义的合力，我顺利地接到了高目第一个社会住宅项目——位于嘉定南翔的 22HOUSE。

在中国关于社会住宅的定义名称种类繁多，内涵丰富。当时的 22HOUSE 的用地性质是经济适用房，而对这种可售类的保障性住房，我缺少了一些资本敏感度，不管不顾地将所有的研究所得都用在了这个设计上，可谓无知者无畏。

我曾经说过一个比喻来反驳片片朝南的城市面貌：对阳光最敏感的大树没有长成片片朝南而是长成了轴心对称的完型；最喜欢晒太阳的欧洲城市没有变成朝南的城市而是更多地呈现围合型。这归根到底就是一个综合算法的问题，虽然我们所呈现的城市风貌似乎也是高楼林立、马路宽阔，但我们的城市还没有进化到基于复杂算法的现代文明，其背后的算法，单一到不可想象——住宅如此，城市如此，一切皆如此。

22HOUSE 的基地不大不小，刚好没法完全地做出四个围合组团，说白了就是四个单元有点儿挤。我当时就由水滴表面张力相连的思维方式想到既然东西方向有点挤，那就按照物理规律互相融合，两个口字形融合成一个有张力的 S 形，张力产生的斜向部分也对整体日照通过率有很大好处，内部空间也增加了很多趣味（图 6–2）。

谈到围合，定有人说日照问题。为什么我总是说我们的城市是个综合算法问题，而我们

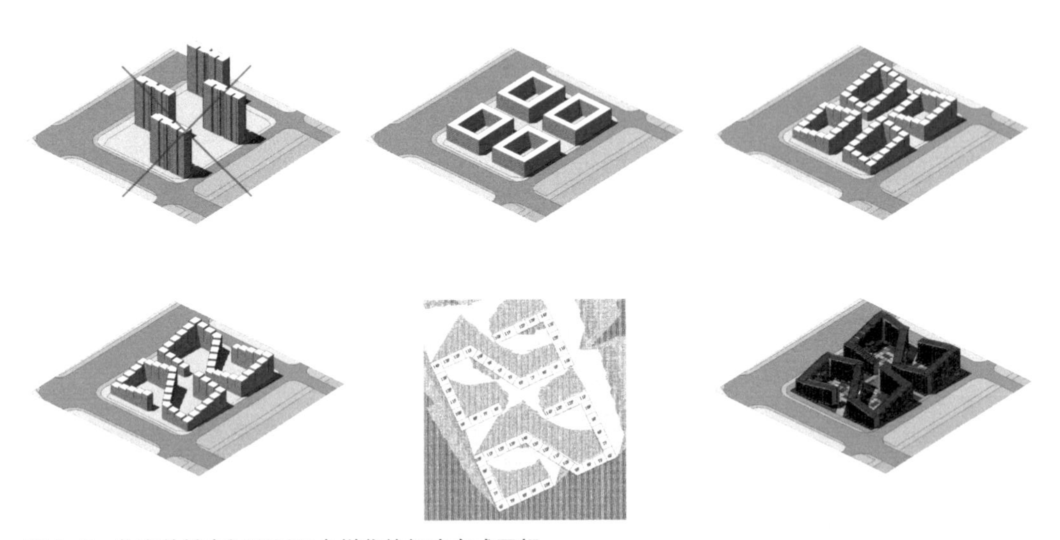

图 6–2　住宅的排布问题以及多样化的解决方式图解

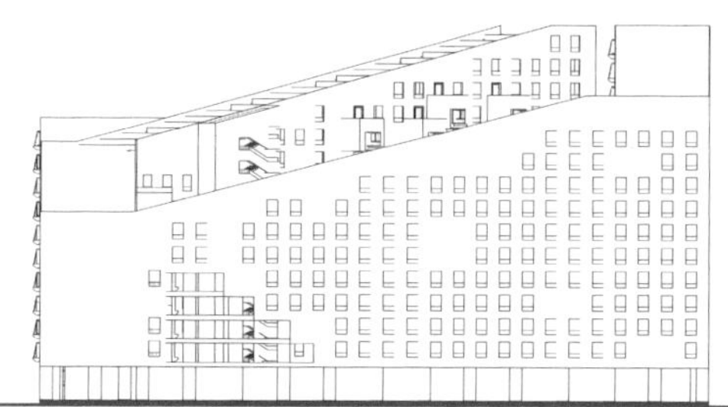

图 6–3 22HOUSE 的效果图、户型剖面和立面图

的思维又是单一到你不可想象？因为这就是一个典型的二维思维的例子。既然日照是算出来的，那就可以通过运算来反求建筑的高低关系，从而求解出整个跌落的形体，在一些转角处和底层部分，即使依然会有少量的房间不能满足日照规范，那么变更成公共服务设施以及处理一些架空层就是一举多得的好办法。

所以说，这个跌宕起伏的造型是算出来的，我在方案成型之后从来没有在意过有人说这个结果有点像 BIG 的“8”字宅。在这个设计的过程中，我们还延伸了“聊宅志异”的一个高空间住宅研究，就是在 3.6m（上海的住宅规范中规定住宅层高最高不能超过 3.6m）的空间内如何做到可以站直的两层，这个研究直接启发了后来的 Apartment2.6（图 6–3）。

22HOUSE 其实是影响了高目后来很多住宅设计的一个起点。

因为政府一把手和二把手的意见不统一，加之建设方打心眼里就讨厌这个设计（喜欢与讨厌取决于他认知内该设计能否改成商品房）以及设计院院长的各种阻挠（支持与阻挠取决于能否常规标准化出图），最终，在我与一群反对者的争论中，22HOUSE 几近搁浅。

后来，一把手调离，我更加失去了背后的支持，感到了希望渺茫之后只能在网上写写文章。不过写文章曾经是我最后的武器，通过文章可以直抒胸臆，也希望很多美好的事情即使不能实现也必须有“下文”。果然，几年后认识了李振宇院长，他来我工作室看到那个 22HOUSE 模型（图 6–4），说：“原来这是你干的？”但那个区的二把手也是个尊重建筑学的领导，他反对我这个方案但是并没有否定我，他给了我一通电话道出了这个事情的实质：“这

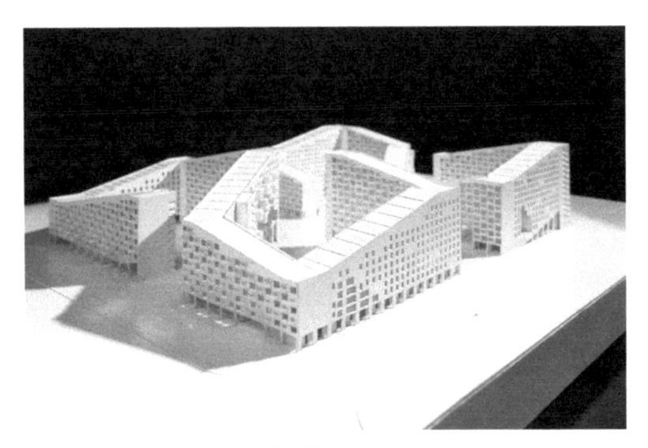
图 6-4　22HOUSE 模型

图 6-5　福临佳苑，上海嘉定区

个是经济适用房，以后要卖的，不可能做成你那样的。这样，你这个设计不会白做，还有另外一块地是公租房用地，你在那里可以试试。”

于是，有了福临佳苑的诞生（图 6-5）。

福临佳苑基地位于这个区的城北，离地铁站很近。当然，它没有 22HOUSE 那般方正，而是一个近乎城市边角料的狭小地块。

“福临”和“龙南”两个“佳苑”项目几乎是在同时进行设计的，龙南佳苑大一些，福临佳苑小一些。由于这个地块的局限性，把从 22HOUSE 强行转过来的构思进行完整的方案表达已经难上加难。再加上当时我们团队所有的兴趣点都在龙南佳苑，所以，这个福临佳苑在我们团队心中一直就是“差不多就行”的心态。

从方案的构思、立面的元素、跌落的形体，甚至白色的建筑这些方面来看，福临佳苑就是一个裁剪版的 22HOUSE。只不过，根据正在进行时的龙南佳苑当时反馈的一些教训，我们在这里修正了阳台和凸窗设计，用了一个凹阳台的外平做法，解决了空调和落水管的难题。也由于容积率高于龙南佳苑，为了解决日照问题，在形体跌落上也就更加明显地陡峭一些。

有一个很有趣的事情就是变电站。在后面要讲的龙南佳苑中，地面的景观非常硕大饱满，原因之一就是本该在地面上的七座变电站被领导重视了，而破例放入了地下室，所以才营造了很好的景观胚子。而这个福临佳苑没有领导关注，那就只能公事公办，那个硕大的变电站留在了地面上，使得本就拥挤的地块“一眼望去就只剩变电站了”——原因是，按照当时的上海市供电局规定，变电站不得放入地下室，至今还是。

在豆瓣上，有一句记忆深刻的留言：“张老师你好，我也是建筑师，也是嘉定人，我很喜欢这个设计。但是包括我妈妈在内的经常约在那附近跳广场舞的大妈们认为，这个房子是嘉定最丑的房子。”（图 6-6）

龙南佳苑虽说与福临佳苑同时进行，但由于它是相关领导更加关注的项目，而且项目所

图 6–6　福临佳苑实景

在地就在我的居住地和公司注册地，所以在我们团队心中的地位就要高一些。虽然说它的基地形状也不完美，但是深谙日照多年的我们，更喜欢这种外部条件限制明确的地块，因为设计可以很容易找到起点，就是对外部的日照避让。我们采取的策略不同于一般的建筑师，在我们介入这个地块之前，也有别家的方案，大多是 11 ～ 18 层甚至更高的高层建筑，因为设计习惯大多沿袭自房地产时期的思维。大多数人还没有准备好或者根本不想准备好迎接对规范已经进行了松动的《公租房导则》，而对于高目来说，等这一刻已很多年，所以才会在起点上就能做出完全不同于当时房地产思路的方案，也产生了在房地产思维里不可能出现的小区类型（图 6–7）。

2.2 的容积率，能设计出一大片多层建筑，这个不只是建筑师们没想到，规划局审批人员也没想到，包括周边手里攥着公示意见函企图为自己争取利益的居民也没有想到：和他们小区一墙之隔的新造住宅，高度竟然和自己的新村老楼是一样的。

龙南佳苑的甲方在项目初期赋予了我们很大的设计决定权，我们将“聊宅志异”中的几项研究成果，悉数改装后放进了这个重要的项目。较大的决定权背后如影随形的就是在实施后期和审批方、建设方之间的矛盾，因为我们很多设计都与现有成型的体系相悖，这些设计无形中给很多体系内的人员增添了麻烦，加大了风险，降低了收益。所以在整个的项目后期，我感觉我就是一个站在了所有人对立面的独行者，在呐喊、祈祷和妥协声中，走完了六年。

建成之后的一件重要事件就是在谷德网上，我和骂我的、表扬我的大量留言进行的几百条互动，虽说由于谷德的网站迁移导致部分留言和回复遗失，但最终也留下了一百多条。在那里，我面对质疑，承认和解释着项目中的失误；对于谩骂，我也会幽默及愤怒回怼。由于面对的留言太多，我就统一写了一篇《龙南佳苑忏悔录》作为对所有人的回复。我现在回想那时候的那种热情只是高潮迟迟没能退却的情绪延伸，换作现在，我觉得，没有必要了。

时隔多年，若作自我总结的话，我觉得，龙南佳苑其实可以归结为一个政治事件。

龙南佳苑的建成，是踩在了巨人的肩膀上所致，而这个“巨人肩膀”就是当时的国家政策和政府开明官员。从 2002 年开始“聊宅志异”，到 2012 年开始设计龙南佳苑，我们只是

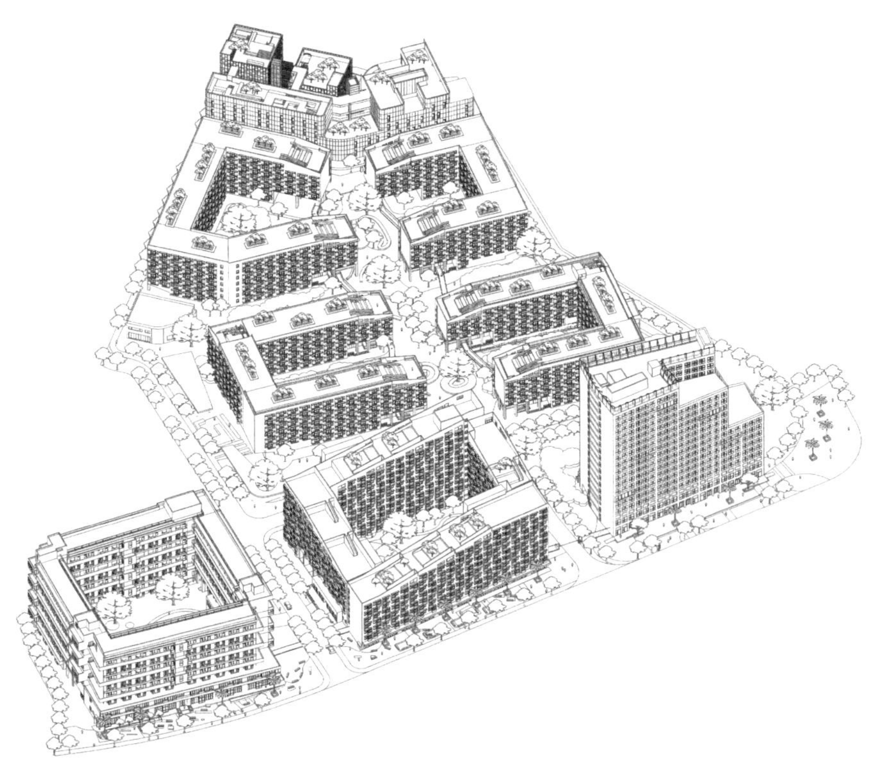

图 6-7　上海龙南佳苑设计图、实景图和剖面示意图

等待这个机会等了十年而已。

后来龙南佳苑渐渐租罄，树木也渐渐长大，周围的豪宅也渐渐封顶。我会抓住每次去那里的机会，看看年轻人晾被子的情况、停车场的使用率问题、询问五号楼的隔音漏水问题，再看看以前留的架空层被如何使用、屋顶花园有没有开放、沿街商铺是否满租……我从来没有对任何一个项目的后期运营有着如此的关注度，在我的手机里、电脑里，上千张龙南佳苑投入使用后的照片，是我持续关注几年的结果。这些关注，是对自己的反思，也是对那个黄金年代的留恋。

6.2 "15.9 小方楼"

在龙南佳苑之后，我慢慢觉得建筑师的单打独斗绝对不是产生好房子的正确方式，在系统难以催生创新的当下，一些偶发的创新和改变只能看运气。我除了渴望好的开发建造团队以外，还非常希望有良好的前期策划来互动。这次要讲的就是高目 4. 0 版本的城开紫竹租赁住宅中与甲方销售策划之间互动的故事。

在前面 3.0 的人才公寓项目和西岸集团的操作中，甲方跟我商讨了一种既尊重专业也尊重市场的办法，就是我们建筑师团队先根据市场基础数据进行"多产品"研发，讨论修改后再进行网络问卷调研，然后接着锁定目标客户上门座谈，最终根据结果把最受欢迎的两三种产品实施。这样，既能遵从真正的市场，又能发挥专业的想象力——感谢甲方。

有的时候所谓的"市场"是伪命题，跟所谓的"学术"是一样的，仅仅是对过去的总结，而不是对未来的展望。

3.0 暂且不表，在这个 4.0 中，我们也遵循了这种研发＋市场的方式，在前期策划的基础数据中发掘产品可能性。我们坚持认为住宅设计到了较极限的数据时要跳出先设计户型再简单做加法排成平面的传统方法，应考虑户型、楼型和组团型甚至和容积率之间的内在关系，并将合适的面积段产品对应合适的建筑组合方式。

我们团队的很多设计都是理性的产物，喜欢根据数据推导——而保持这份理性的力量，则来自于内心的那个叫作感性的东西。

这次也是，我阅读了销售部门的市场调研报告，报告中明确说明了这个项目周边人群需求的主要是建筑面积 25 ～ 35m^2 的住宅，也有少量需要更大面积的。那么这个前提就是选择建筑类型的重要参数。在廊式的住宅设计经验中，35m^2 以下户型想独立成套非常勉强，而流行的做法是户型的拆分，即设计一个 50 ～ 70m^2 以上的两开间户型，按单户进行报建，但使用上是分为两个单间进行装修。由于这种廊式建筑的特性，居住单元越小，得房率越低，而为了增加面宽舒适度，则带来更低的得房率，而这种做法直接导致的整体形象也必然会是廊式十八层大板楼的城市风貌。当我看到原方案的两排四百多米长的大板楼规划时，我想起了某项政策——只管一件事情，其他一概不管（图 6–8）。

在住宅和学校领域，我们有大量的积累。所以数据变化往往能直接激发数据库的运算而变成我们的创造力。针对这个面积要求，我们专门设计了一个全新的小方楼。小方楼的平面尺度很小，迷你可爱，系高目在此项目的原创。每层八户，面宽 15.9m、进深也是 15.9m。有了它，整个社区不再是大板楼“独领风骚”了，而是多种类型的组合。由于类型的变化，建筑高度也是由 6 层至 18 层不等，层次丰富，整体的颜值大幅提升。15.9m 这个数字挑战了上海的住宅间距规范。为了让大家都有面子减少风险，我们将两栋小方楼转了 90°，争取到了折中的 20m 间距——感谢规划局（图 6–9 ～图 6–13）。

更重要的，同时也是我说服销售部门和甲方的重要筹码，就是这个小方楼得房率比廊式高了 5%，这会直接反映到坪效比上；然后我又补充了如果在后租赁住宅时代改为商品房的话，小塔式的价值也会高于廊式的终极杀招，才最终和甲方达成共识。我说过：“你跟普通开发商谈趣味，他会觉得你很无趣；但你跟他谈利益，他会觉得你很有趣”。

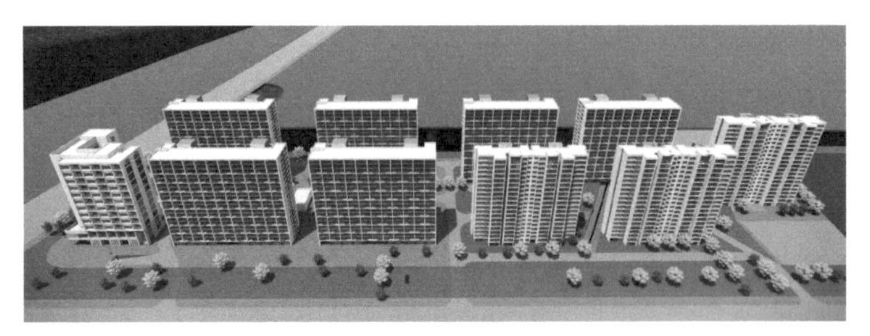

图 6–8　人才公寓原方案的两排大板楼方案效果图

图 6–9　小方楼草图

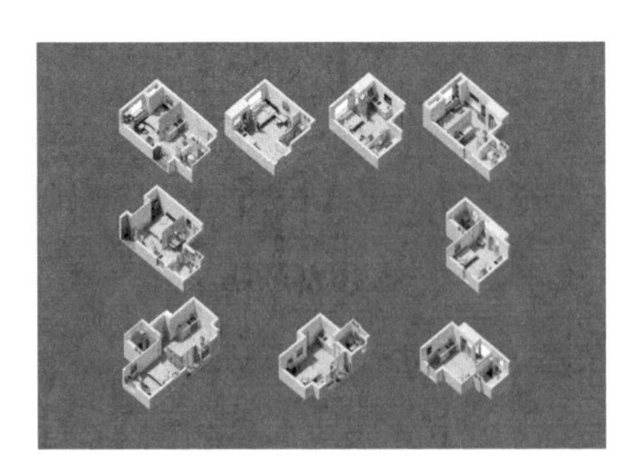

图 6–10　15.9m 方形标准户层型

图 6–11　整体效果图

图 6–12　小高层的组合方式

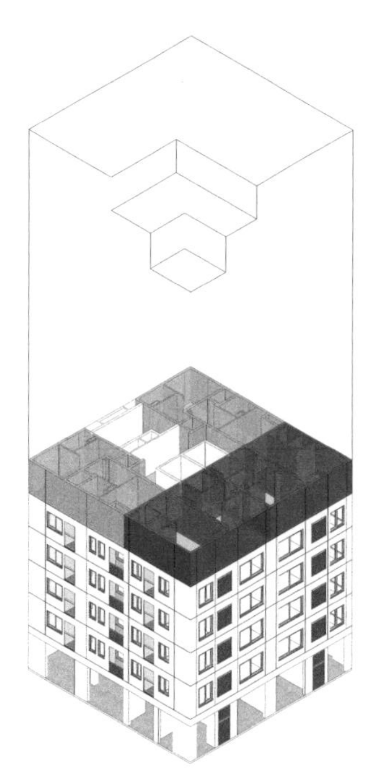

图 6–13　小高层的构成

6.3　“2.18 公寓”

“2.18 公寓”是我们的“研发＋市场”的另一个首创，即一层层高 2.8m、另一层层高 2.18m，巧妙利用面积计算法则和实际空间需求，让租住者用更小的总价换取更多的空间。

为了让大家放心 2.18m 的尺度感受，我们不但制作了大比例模型，还在一个工地上制作了 1 ∶ 1 的模型（图 6–14，图 6–15）。

而这个“2.18 公寓”是在 3.0 项目中首次出现的，这次 4.0 中我们根据策划的面积段要求，设计了一个 40 多平方米的“五号楼”升级简化版。组合方式还是两户互相咬合，层高分别是 2.8m、2.18m、2.8m，没有错层，一户向上跃，一户向下跃。这样楼板拉平的处理让施工变得简单，也就没有了那么多出错概率。同时，装配式的施工方式也让以前龙南佳苑的五号楼那些难以处理的管线综合问题和漏水问题得以妥善解决。为了降低创新风险，“2.18 公寓”在这个项目中只设计了一栋楼。希望通过这个楼的设计能抹平我在龙南佳苑五号楼中的遗憾（图 6–16 ~ 图 6–18）。

在城开紫竹 4.0 的设计过程中，我们还是进行了大量妥协。比如我前面说的北侧小户型廊式住宅和东侧普通商品住宅的组合，在部分创新的同时放置一些大家都接受的保守产品，会让大家都有面子，也降低了整体销售风险。何况，城市本来就应该是多样的——再次感谢甲方。项目在建中，部分结构已封顶，施工质量不错（图 6–19）。

图 6–14　2.18 公寓设计的模型

图 6–15　工地的等比模型

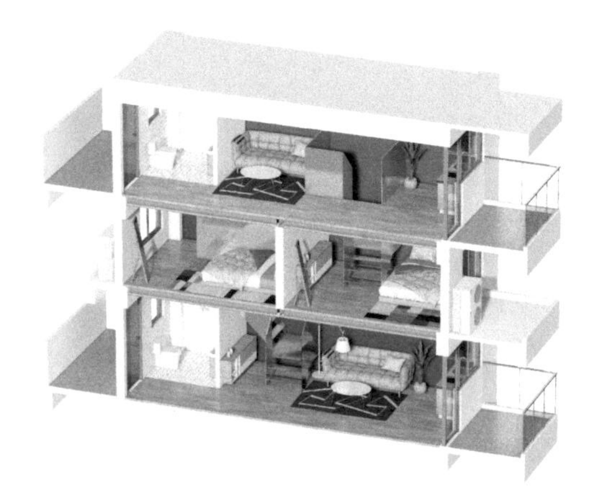

图 6–16　2.8m 和 2.18m 楼层公寓叠加组合

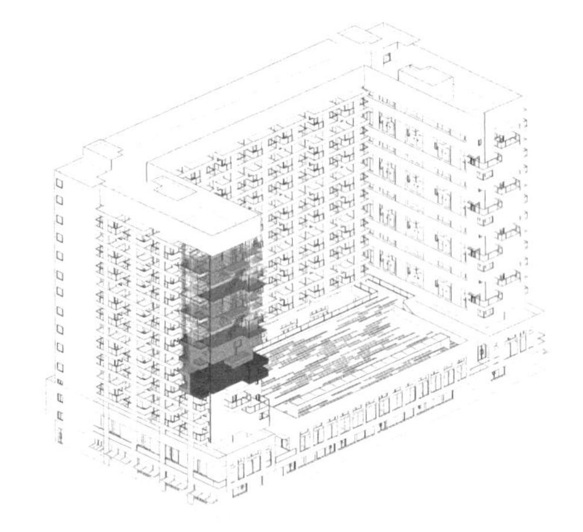

图 6–17　住户跃层之间的交通

图 6–18　公寓效果图

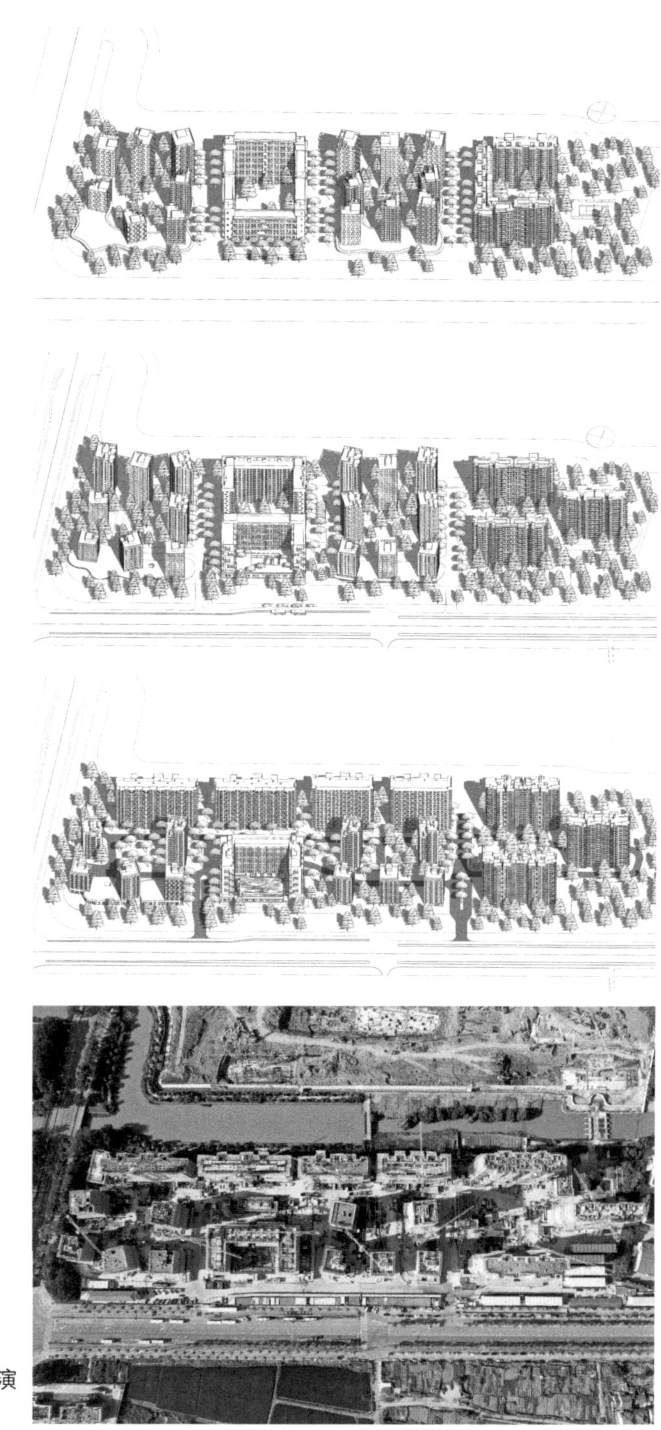

图 6-19　各个阶段的方案演化以及正在施工的现场

（张佳晶　撰写）

全 球 视 野 下 的 社 会 住 宅
DESIGNING SOCIAL HOUSING FROM A GLOBAL PERSPECTIVE

第三部分
教育者的探索

第7章　社会住宅、飞地边界与居住的诗意性

——中英联合城市住宅设计工作室三人谈[1]

7.1　前言

2015年中央美术学院建筑学院（以下简称“美院建院”）和英国威斯敏斯特大学建筑和城市学院成立了联合课题工作室，每年的秋季学期威斯敏斯特大学DS（3）7工作室的师生都会来到北京，参与美院建院的国际工作室的北京课题；春季学期，美院工作室的师生再回访伦敦，参与DS（3）7工作室的伦敦课题。北京和伦敦的两个课题都是以城市公共空间和社会住宅为主题。这个所谓“双城记”的国际合作课题至今已持续了5年，在两个学校均取得了显著的成果，还得到了其他相关机构的支持——参与这个课题的英国学生连续4年都获得中国驻英大使馆的短期来华留学奖学金。

这篇文章节选自威斯敏斯特大学建筑和城市学院已经出版的工作室专辑，文字以三人谈的形式，从联合课题的内容谈起，话题延伸到全球建筑教育与合作的诸多方面。参与谈话的是来自中英双方学校的三位课题导师：美院建院何可人（以下简称“何”），英国格拉斯哥美术学院建筑学院前院长、央美特聘教授戴维·波特（以下简称“戴维”），英国威斯敏斯特大学建筑和城市学院张中琦（以下简称“张”）。

7.2　我们是如何开始的

何：2014—2015年秋季学期，在当时的院长吕品晶教授和副院长程启明教授的支持下，我们尝试在本科四年级课程基础上建立一个平行的城市设计和住宅设计课程，总共20周，当时参加的有6名大四本科生，10名研究生，还有来自瑞士、德国和奥地利的5名交换生。导师有我、王威、刘斯雍和戴维。后来又有韩涛老师和侯晓蕾老师加入导师团队。第二年我们就开始在20周的课题中接纳了来自英国威斯敏斯特大学的团队，从此开始了这种持续多

---

[1] 本文曾发表于《2020—2021中国高等学校建筑教育学术研讨会论文集》第57-63页，基金项目：中央高校基本科研业务费专项资金资助（项目编号：20KYZY020）。原文字翻译自张中琦等的《双城记》。

年的国际合作。

戴维：我参与到国际交换工作室源自杂糅的运气和机遇。2012 年秋季吕品晶教授邀请我来美院教学，给美院研究生做一些关于建筑理论的讲座。我不是特别热衷于讲课，更多地希望跟学生讨论互动。于是我开了门讨论课，不是简单地传递二手的西方理论，更多地希望学生建构自己的“理论”。我正在上这种“理论”课的时候，应何老师邀请参加了国际工作室。与此同时还有几个来自北欧和瑞士的独立交换学生，发现了我在上英语的课程，便都来参加。这些中欧学生组合后来也成为国际交换工作室的一部分（图 7–1）。

张：这时候威斯敏斯特大学的学生进入到故事里来了。我当时正从全时的设计师转换到学术圈，在威斯敏斯特大学教一个小工作室，同时在皇家艺术学院写博士论文。威斯敏斯特的建筑和城市学院院长哈利·沙利顿（Harry Charrington）刚刚访问北京，来问我是否愿意带一个与美院合作的小型实验性工作室。这就是我们称之为“中国工作室”的开端，2015—2016 年秋季我们带着第一批的 6 个英国学生来北京待了 4 周。后来的几年，每年我们都有 10 个左右的学生到美院待 2 个月，学生数是美院国际工作室的三分之一，成为其不可分割的一部分。这些年这个联合工作室的成长很成功，我觉得是很生态的，来自世界各地的老师和学生共同影响和塑造了它。这让我想起“摸着石头过河”那句话，就是说我们都在一个集体的路途上，边总结归纳，边相互学习地往前走（图 7–2，图 7–3）。

图 7–1　美院国际交换工作室师生合影，2016—2017 年秋季学期（图片来源：曹维）

图 7–2　美院国际交换工作室上课（图片来源：何可人）

图 7–3　美院学生在伦敦威斯敏斯特大学评图（图片来源：何可人）

7.3　关于社会住宅

何：与西方“二战”后相类似，中国的集合住宅设计也是被人口增长和社会的变迁激发出来的。从 20 世纪 50 年代初在全国范围建设的“工人新村”，到 80 年代前后政府和设计单位大力建设的样本住宅，都和计划经济紧密结合。80 年代后期到 90 年代初，随着住房市场的开放，直至今日，商品化的住宅设计成为主流，而社会保障性住宅的建设和设计，无论是政策、设计，还是分配方面都相对滞后和不完善。我们工作室研究的主体是我国 80 ～ 90 年代建造的城市样板住宅的更新，拥有这些住宅的“老旧”社区正面临着房屋质量和基础设施折损、环境拥挤，然而房价虚高、人口和社会结构变迁复杂等问题。在城市的地块设计集合住宅，最重要的是明确地考虑设计对象。新的城市更新住宅课题可以针对不同人群，如外来务工人员、老年人或者是我们称之为“新知识工人”的都市打工族。学生们需要深入调研历史文脉、社会和经济结构等问题，提出合理的、有社会责任感的解决方案；目的是创建可持续的建成环境、健康有活力的社区，探索城市生活方式和新住宅类型，关注公共和私密空间的关系，考虑既利用当代科技又顾及地方传统的合理的建筑技术。

戴维：英国在“二战”以后建立了一个福利社会，提供健康服务、年金和社会保障等。地方权威机构负责住宅建设，政府协助。起初这些“福利住宅”是给一个宽泛的人群提供的，后来不再为大多数人群提供，而是集中在最有需求的人群。这样带来的一个大的变化就是形成了我们现在所谓的“社会保障性住宅”。虽然把问题最多的人群聚集在一起似乎是个合理的方式，但这些福利住宅却形成了何老师说的“飞地”——隔离区域里住的大多数人都有贫穷、失业、家庭破裂，或是心理或生理的问题。他们都住在非常明显特征的现代主义建筑里面！在公众观念中，现代主义建筑和社会分裂绑定在一起了。

战后伦敦的人口一直持续下降，但是到了 20 世纪 80 年代，伦敦开始吸引来自欧洲和其他地方的工人。这个未经规划的增长造成了住宅的危机。更糟的是，由于买卖的利润，住房成为投资的手段，资金源源不断流进伦敦，促进了住房市场的发展，使新的住宅越来越昂贵，特别是对于年轻人群，变得越来越无法承担。

这就是我们现在面临的问题。好消息是近年来对于城市住宅的兴趣在复燃，关注点在于我们如何居住在具有合理密度的城市环境之中，人们能感受到自己是社会的一分子，而不是一个孤岛。面对着这个挑战，新的一代建筑师开始回头去看 20 世纪 60 年代先锋派们的住宅设计，比如尼弗·布朗和地方协会的工作成为很重要的参考（图 7–4）。

张：没错，最近对尼弗·布朗那代人的作品的关注像是一个复兴。我们看到伦敦的住宅协会重新开始设计社会住宅。2019 年英国建筑的最高奖斯特林奖，就颁给了一个在诺维奇（Norwich）的社会住宅项目，风向标开始转了。另外，我认为当今在“社会住宅”的框架之外，中国和西方都有一种重新关注集合居住模式的趋同性。这次是社会主义的理想被资本主义所接纳。富有浪漫主义情怀的，集体主义的个性化的语汇，在开发商的诠释下形成了极小的私密空间和相应的“共享设施”的住宅项目，用来承载城市中的一代年轻人。北京的“YOU+国际青年社区”和伦敦的“老橡树集合住宅”（The Collective Old Oak）就是两个例子。这种趋势的全球化回响也证明了我们联合工作室对于社会住宅的追求和努力（图 7–5 ～图 7–10）。

图 7-4　尼弗·布朗 1968 年设计的伦敦亚历山大路（Alexander Road）社会住宅，布朗在 2018 年获得英国皇家建筑学会金奖（图片来源：Stephen Richards，CC BY-SA 2.0）

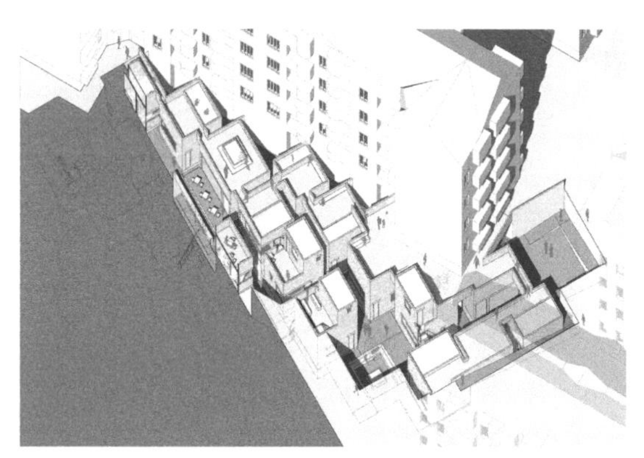

图 7-5　“新胡同考古”，北京富国里小区改造设计，Signe Pelne，2017—2018 年秋季课题

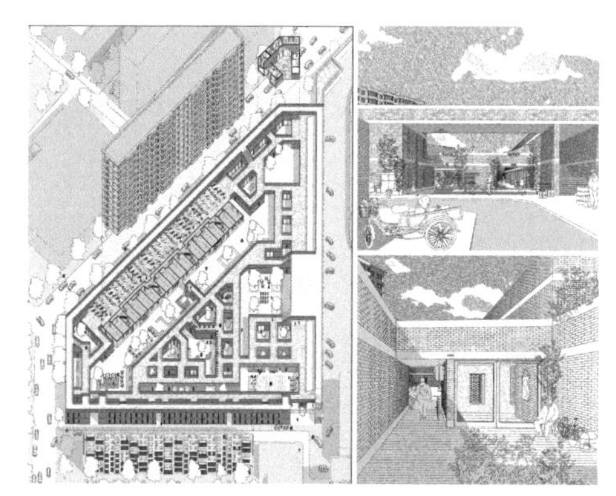

图 7-6　北京三源里小区改造设计，Ryan Myers，2018—2019 年秋季课题

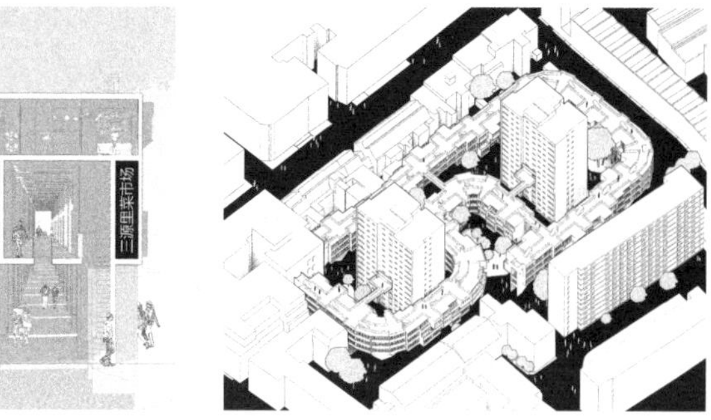

图 7-7　“市场之上”，北京三源里小区改造设计，Matthew Lindsay，2018—2019 年秋季课题

图 7-8　“生活在一起”，伦敦科洛莫街设计住宅，谢雨帆，2017—2018 年春季课题

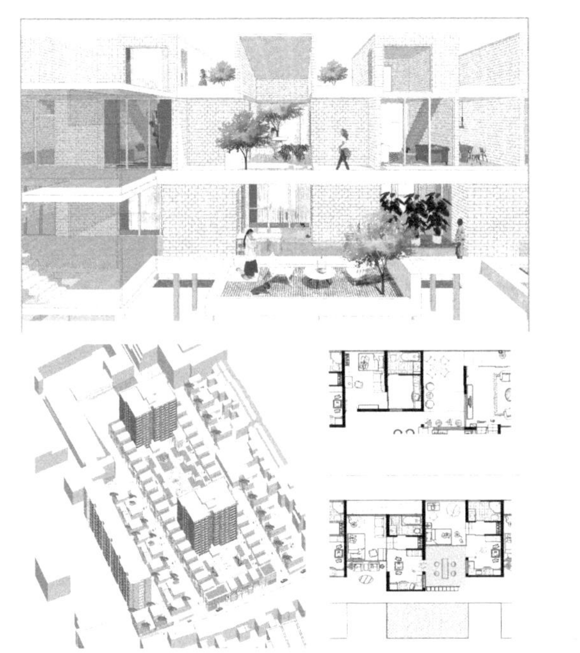

图 7–9 “生活在一起”，伦敦科洛莫街社会住宅，陈钊铭，2017—2018 年春季课题

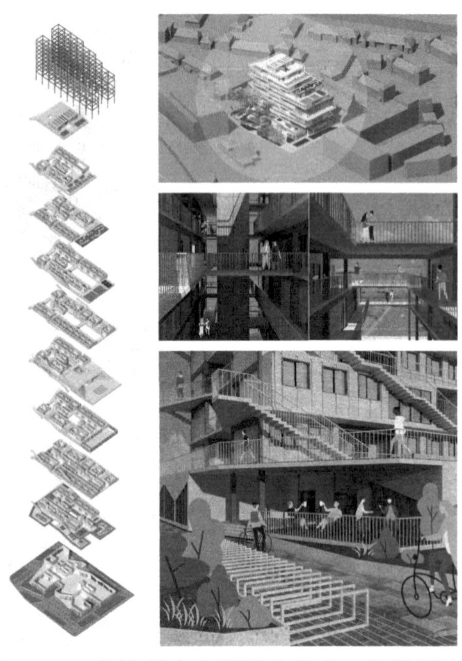

图 7–10 伦敦新十字街社会住宅，许悦儒，2019—2020 年春季课题

7.4 城市“飞地”和“临界线”

何：“飞地 / 围地”的概念是我们国际工作室的主题。北京的城市肌理基本上是一系列相互嵌套的“飞地”模式，包含着多种多样的空间场所。这个飞地的概念可以引申到许多场所：城中村，旧城大杂院，新的高尚社区之间的“三不管”地带，邻里社区之间插入的市政设施（道路、高速公路、绿化带等），甚至那些在传统旧城中植入的时尚新奇的地标建筑。而上述这类场所的边界如何划分和使用？工作室的目的不仅仅是探讨这些广义的城市“飞地”的物理性质，更多的是在城市文脉下研究和展示这类“飞地”与周围环境的关系，而我们的跨文化团队为此提供了很多截然不同的视角。美国建筑师斯坦 · 艾伦曾说，当今建筑和城市的问题部分也是表达的问题。像北京这样的历史城市，由集体记忆构成的明确的物理边界已经改变了，为了对应这种变化，传统的、静态的建筑表达方式也应该让位于更加复杂、动态和跨学科的方法（图 7–11）。

戴维：从欧洲人角度看，“飞地”是一个非常严重的问题，因为它形容的是与城市本体隔离开的区域、人群被隔离的区域，那些有些人可以进、有些人“禁入”的区域。因此“飞地”一般都是负面的概念。这是欧洲城市发展的倾向，但不是理想的发展。我们常常谈到的是“邻

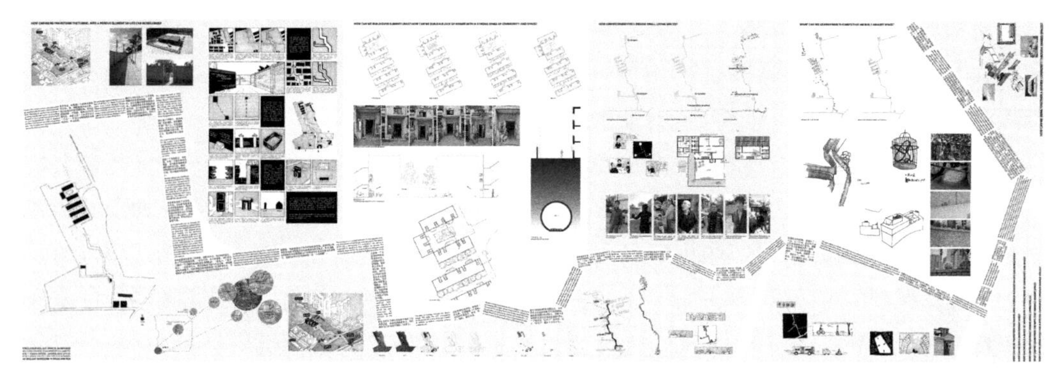

图 7-11　北京丰台南孟家村调研，Chloe Lambermont，Caroline Wisby，徐子，邵鹏。这组同学走访已经被拆迁的城中村，采访附近居民，记录遗留下来的原村中主要通道，并用这条通道串联起记忆和现状。2015—2016 年秋季课题

里”而不是“飞地”。中国的城市肌理有所不同。由于近 30 年来中国城市化的飞速发展，像北京这样的大城市，内城的老城区非常古老，而新的建筑又非常新。像欧洲那样阶段性发展的状况在这里是缺失的，因此造成了新和旧的完全隔离，两者之间没有什么互动。这种隔离我们称之为“飞地”现象：一个与周围环境隔离的区域。现代北京城的街区尺度比欧洲城市的大很多，因此相较于步行和骑车，是更适合汽车的尺度。

张：这两个不同的视角正好证明了我们需要对都市形态学进行比较研究。同样的术语在北京和伦敦有着截然不同的意义。我猜“飞地”的物理属性在北京能更明显地被识别：无论是传统的四合院、单位大院，还是房地产开发的“小区”。在中国，住在这种“飞地”看上去是很常态的。当我们讲到伦敦的“飞地”，想到的是那些不仅在地理上与城市隔离、甚至在社会和经济上也是与社会隔离的区域，因此这些飞地的建筑反映的就是它们本身的问题。西方社会的讨论总是围绕着如何打破飞地，把它们连接到城市中来；但是在中国，城市允许这种飞地产生并发展成一定的自治性，从而保护自己的社区，像是一种对于普遍存在的城市蔓延和更新的反抗。这些差别使学生拥有丰厚的基础来理解社区，理解建筑之间以及建筑与城市的关系。任何事物不再是非白即黑，也促使他们丢弃偏见，从全新的角度看待问题。

7.5　比较教学法

何：美院一直非常支持国际合作的教育项目。我在做这个国际工作室之前参与和主持了很多国际联合的工作坊、展览等，但是通常这些教学活动都是安排在主体课程之外的，我想其他学校估计也是一样的情形。我们的这个工作室则是建筑学院主体课程的一部分，我认为

这是非常独特的一个建筑教育改革。中国的当代建筑教育始于 20 世纪 20 ～ 30 年代，今天中国各个学校的建筑教育，虽然都有各自的改革和探索，但主体课程都大同小异，建筑教育缺乏多样性。希望我们工作室的实验能激发教育体系的一些反思。

戴维：欧洲高等教育体系最大的变革是引进了“学习成果”这个概念。每个学校都必须认真描述除了学习到的内容，更多的是学生习得知识的深度。当然学生学到的东西不总是和老师教的一致，因此这种教学的倾向不是在评估学生学习内容的有效性，而是为达到目的而设置的教学课程的有效性。政府部门为这些学习成果拟定了一些规则，但是需要学校创意地来诠释这些大纲要求。所以结合特定的主题设计和认知训练，可以提供一个更加精确的评价学生学习成果的方法，同时也是检验教学目的是否成功的一个方式。通过这种方式，学生之间、老师之间，以及学生和老师之间都可以展开讨论和对课题的探索。学生也可以通过这个方法进行自我评估。

张：我认为我们这个联合工作室是一个独特的教学模式，它有几个特点：第一，虽然全世界的学术体系都在相互融合和沟通，然而在英国，这种深入的联合课题依然是很稀少的。第二，通过比较式的课题，工作室学生要做北京和伦敦两个不同地点的设计，不同的尺度、规模、文化背景，需要学生迅速地打破自己的常规思维，在不同的环境和文化语境中思考，这是很大的挑战。第三，从技术层面上说，因为老师不能总在现场教导学生，我们同时会运用网络教学的模式。相比面对面的交流，学生需要事先准备材料和更加全面的记录，并且通过网络录制的回放，也促进了进一步的思考和对设计过程的注重。

何：联合工作室的成员，包括教师和学生，最大的特点就是大家都有开放的思想和心态。我们的中国学生来自全国各地，交换学生主要来自斯堪的纳维亚、德国和瑞士，也有来自南欧、日本和韩国的同学；而英国的学生大部分也是来自欧洲、南亚和南美国家。这么多元的文化碰撞在一起是非常有意思的。刚开始看到的都是明显的差异：语言，生活和学习方式，思考方法，技术倾向，等等。然而，经过几个月的相处，在相互学习和影响之后，无论是老师还是学生都获益匪浅，不仅在学术上，也在文化上逐渐融合和理解。这个跨文化的团队是我们最大的亮点和基础（图 7-12，图 7-13）。

戴维：谈到创造性，具有创造性的人是有能力看到你我所看到的东西，但是他们能看得更新、更深入，能产生新的想法。这对于科学家和建筑师都是一样的。国际联合工作室是个让人用全新视角看待问题的理想载体。我觉得对一个有创造性的人来说，真正的挑战是观看并同时提出问题。观看是很难的事情，观看屏幕不能替代观看现实世界，可能这点对现在这代人更难。

图 7-12　联合工作室参观北京 MAD 建筑事务所，2019—2020 年秋季学期

图 7-13　联合工作室参与北京富国里小区与居民互动的活动，2017—2018 年秋季学期（图片来源：何可人）

7.6　关于居住的诗意性

何：我们工作室的课题任务是视觉化地表现城市空间并为未来进行居住的设计。在设计过程中，我们需要思考一个哲学问题：什么是人类居住的终极理念？在传统中国文化中，“居住的诗意”一直被认为不仅是文人学者，也是大多数人的终极理想。陶渊明所描绘的“采菊东南下，悠然见南山”的意境，是许多传统文学和艺术形式的理想题材。我们相信在教育中保留一个乐观的对未来的想象还是非常必要的。

张：对我来说，4 世纪的陶渊明的“居住的诗意”是一种回归自然的美学，我们进入 21 世纪，事物复杂得多。跳出我们本身来看，人类对气候和自然环境的影响是如此之大，以至于产生了“人类世”（anthropocene）这样一个新的地质纪元。因此我们这个时代的“居住的诗意”是什么？我认为必须从先承认居住是人类的基本权利开始。我们需要探讨新的居住和共享方式，人群的沟通方式，改变被扭曲了的产权关系。我们应当思考如何建造我们的家园，使得自然环境不被干扰（图 7-14）。

戴维：我要稍微改一下问题的措辞，就是说我们在塑造新与旧之间的居住图景。我认为日常生活已经变得很明显的常规化和仪式化。何老师用“居住的诗意”来描述的是一种对人们如何在我们给他们设计的房子里过日子的关注和理解。世界各地人们的日常生活就是人与场所之间的交流，人们适应他的住所，并根据需求改变着他的居住。英国建筑师史密森夫妇用“居住的艺术”来形容人们如何在日常生活中适应他们的环境。作为建筑师，我们设计住宅，启动了这个游戏，然后传给居住的人。设计是我们的艺术，居住是他们的艺术。

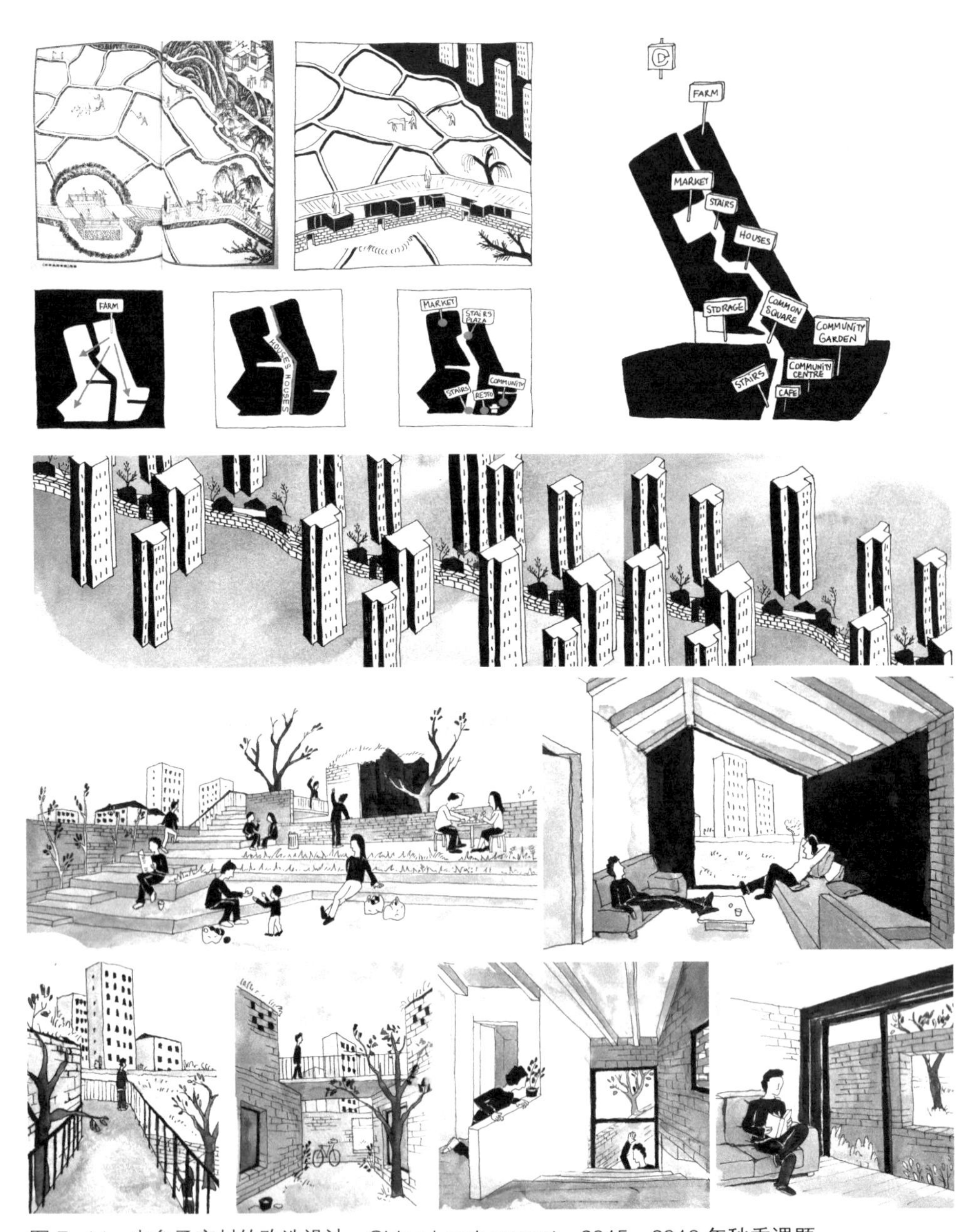

图 7–14　丰台孟家村的改造设计，Chloe Lambermont，2015—2016 年秋季课题

（访谈人：何可人　张中琦　戴维·波特）

参考资料

[1]ZHANG J. A Tale of Two Cities，Joint International Design Studio 2015—2020[M]. London: University of Westminster Press，2020.

[2]ALLEN S. Practice: Architecture Technique and Representation[M]. London: Routledge, 2008.

[3]SMITHSON A, PETER S. Changing the Art of Inhabitation[M]. London: Artemis, 1994.

第 8 章　社会住宅教学探索的十年

——中央美术学院国际工作室 2014—2024

本书的前两个部分讨论了当代全球范围内社会住宅的发展和趋势，以及近年来国内精英设计团队如 MAD 和高目的实践项目。这部分更多的是讨论社会住宅在教学上的探索，以及这种探索能给住宅实践行业带来什么样的影响。

中央美术学院建筑学院的国际工作室（CAFA International Studio）自 2014 年成立起至今，一直利用教学进行社会住宅设计的探讨，起因有内在和外在两个方面：

内因是国内建筑院校在本科的教学大纲中要求有城市设计和集合住宅的课程，而这些“规定动作”由来已久。笔者在 20 世纪 90 年代初本科求学期间便经历过“居住小区设计”的课题，记得是根据当时的住宅标准（中国在 20 世纪 80 ～ 90 年代商品房市场全面开放之前，依然是本着计划经济的原则，住宅标准由国家统一规定），设计出一梯 6 户到 8 户的塔楼，根据日照计算排布，再根据配比规划幼儿园、学校、便民设施等公共建筑，最后在剩余空间加上一些景观设计。这种教学一直持续到今天，而住宅的市场早已经改头换面，国内集合式住宅设计的市场逐渐被商品化市场取代。城市化发展到今天，传统教学中的集合住宅设计课题，如何平衡全球化和地域文化，在剧烈的社会变革中顺应时代和潮流，体现社会公平，关注环境保护和可持续发展的新的生活方式，从而避免成为落伍的思维模式，这便是美院国际工作室探索社会住宅教学的内在因素。

外因则是美院建院在教学上一直激励国际交流合作。美院建院与海外院校的交流到了 21 世纪的第二个十年，无论是从深度和广度上，都与之前有了非常大的改变。从起初的海外教师和专业人士来举办讲座或者短期的工作坊，逐渐演变成更长时间的交换课题，从 4 周、6 周甚至到 1 ～ 2 个学期不等。交流学生的人数也在逐年上升，从最初每个学期来 1 ～ 2 个国外交换生，到十几个交换生同时来到美院参与课程。交流合作的形式也发生了很大变化，从以前单纯的“请进来”，逐渐结合了“走出去”的模式。海外院校的师生会来到中国与我们一起完成国内的课题；美院的师生也走出国门，到海外去合作课题。这种外在的压力也促使我们积极思考，改革传统的教学体系，借鉴国外的混班教学模式和以研究为导向的设计工作室体系，同时结合美院自身的传统和特色，打造出一套独特的国际工作室课题系统。城市更新和社会住宅，便是这个系统中的关注焦点，也是国际工作室历年的主题。

综上所述的内在和外在原因，自 2014 年起美院建院开始针对本科四年级的课程进行局部改革，设置了平行的国际工作室，即 CAFA 国际工作室。工作室的主体是在本科四年级的城市设计、集合住宅设计和大尺度建筑设计三个课程的基础上，设置一个完整的大课题体系，囊括了课题工作室、理论历史讲座、参观展览，以及具有特色的中国传统绘画与书法。教师团队包括美院建院的教授、副教授、外聘教授和讲师，学生团队一般主体为本科四年级和国外交换生，有时也有研究生参加。时间为秋季学期的 20 周加上春季学期的 8 ～ 10 周，用英语授课。整个课题体系设置灵活，可以将联合的海外合作课题容纳其中。例如，自 2015 学年起，CAFA 国际工作室和英国威斯敏斯特大学建筑系的 DS（3）7 工作室，在国家基金委短期留学奖学金的资助下，开展了持续 5 年的联合城市与住宅设计课题：每年秋季学期英方师生来北京 4 ～ 8 周时间，与美院师生一起做北京的课题；而春季则是美院师生赴伦敦参加威斯敏斯特的课题，两个课题均是针对北京和伦敦的城市更新和社会住宅设计，5 年之中积累了大量成果。美院与威斯敏斯特的合作即使在疫情期间也尽量持续着，师生在线上开展两个城市的住宅设计课题教学。在此期间，美院外聘教授彼得・塔戈里（Peter Tagiuri）的加入，带来了一种旅行工作室（Traveling Studio）的新模式，采用比较式的课题教学方式，放眼全世界，希望学生能深刻思考和体验全球不同的文化背景和地理气候的条件，实现自我的可持续发展的理念和策略，为将来成为国际化的设计师做好准备。虽然受疫情所困，直至 2023 年学生们才第一次踏出国门开展真正的旅行和设计，但是这种思路和工作方式一直伴随着国际工作室的发展（图 8–1 ～图 8–8）。

CAFA 国际工作室从 2014 年到 2024 年的教学探索历经十年，负责课题的指导教师前后包括：何可人、戴维・波特，刘斯雍、韩涛、侯晓蕾、王子耕、彼得・塔戈里，刘焉陈、吴晓涵和王威。联合课题导师、英国威斯敏斯特大学的张中琦，也与美院保持着深度的合作。参与的学生组成有本科四年级建筑和城市方向学生、美院建筑学研究生、国际交换生、威斯敏斯特大学及摩洛哥穆罕默德六世理工大学（UM6P）的联合课题学生，共计超过 300 人次。十年的教学成果曾参与北京设计周、深圳建筑双年展等展览，[1] 并以论文和书籍出版物进行宣传。[2]（完整课题目录和相关信息详见附录）

CAFA 国际工作室历经十年的教学探索，以城市更新改造和社会住宅作为主题，“足迹”

[1] CAFA 国际工作室教学成果曾参加 2014 年、2018 年和 2019 年北京设计周展览，2015 年“流动的中国：中间地带”（China in Flux: Mapping the Middle Zone）展览和 2019 深圳建筑双年展宝安分区展。
[2] CAFA 国际工作室与英国威斯敏斯特大学联合课题的部分成果可见张中琦等《双城记》，其他相关论文发表参见：何可人《跨学科、跨文化教育下的都市介入》；何可人、韩涛《城市飞地 / 围地叙事性空间的探索与表达》；何可人《城市混合社区的排他性与包容性》；何可人、刘斯雍《教建筑？还是大家一起来讨论？CAFA 建筑学院国际课题实验工作室引发的教学思考》；周宇舫、何可人《在地与在场，中央美术学院建筑学院实践性教学的探索》；何可人、张中琦、PORTER P《社会住宅、飞地边界与居住的诗意性，中英联合城市住宅设计工作室三人谈》。

涉及全球很多城市和地区。在国内以北京为基地，同时也将目光投射到苏州的旧城和新开发区，以及深圳宝安城中村等不同类型的城市环境。在海外，2015—2020 年每年春季，课题都以大伦敦地区作为基地进行社会住宅的设计，甚至在疫情期间无法到达现场的情况下，也在线上与英国学生一起持续参与课题设计。除此之外，2020 年之后，CAFA 国际工作室的旅行工作室也将目标场所设在巴黎、纽约、威尼斯、伊比利亚半岛和摩洛哥的马拉喀什等地。尽管选取的每个场地的地理、气候和文化都截然不同，课程策略和设置却具有很强的连续性，特别是这种比较式的设计和研究，本就是国际工作室课题设置的特色和目的之一。例如 2022—2023 年秋季和春季两个 10 周的课题为“北纬 31° 的设计”，分别选址在苏州和摩洛哥的马拉喀什。这两个地方虽然都位于北纬 31° ，但是无论从气候和文化上都千差万别。正是基于这种差异，同学们需要仔细对两个地域的各种因素进行研究和比较，利用各自对于地域和场地的理解来独立策划和设计具有居住特性的建筑。这个课题是与摩洛哥穆罕默德六世理工大学的同学一起合作完成。双方学生在合作过程中相互学习和探讨，对于理解对方的地域文化和自然环境起到了很大的帮助作用。

学院的学术研究需要具有前瞻性，由于 CAFA 国际工作室是教学型的工作室，基础是建筑学本科的课程，因此不强调城市设计和住宅研究和技术层面的内容，更多的是倾向于建筑设计的策略和趋势。此书将 2014—2024 年 CAFA 国际工作室中外学生的课题成果进行整理和分析，根据建筑类型和设计策略分成几个关注点和主要话题，亦反映了工作室在教学过程中提出的问题和思考，这几个主题涵盖居住的人群、住宅的形式、私密性与公共性、密度问题、形式的秩序、城市更新、城市与自然、气候和场所，以及居住的诗意。下面的部分则是根据七个话题和思路，借助十年教学的成果来进行阐释。

（1）为谁而设计：当代城市社群；

（2）院落、联排和城市别墅：传统住宅类型的当代转译；

（3）私密性和公共性：不同时空和文化语境下的诠释；

（4）巨构街区与城市村庄：关于密度和秩序的讨论；

（5）城市更新与场所的潜能：社区、空间与地方；

（6）自然的主题：城市中的人与自然；

（7）居住的诗意：科学、艺术与集体记忆。

图 8-1　2019 年秋季，国际工作室师生在中央美术学院工作室合影

图 8-2　2015 年秋季国际工作室师生在评图

图 8-3　2016 年春季美院学生在威斯敏斯特大学参与伦敦课题（图片来源：张中琦）

图 8-4　2017 年秋季国际工作室同学在央美工作室（图片来源：何可人）

图 8-5　国际工作室交换生在学习中国画（图片来源：何可人）

图 8-6　2015 年秋季，国际工作室师生参观蓟县独乐寺

图 8-7　2023 年国际工作室同学在巴黎国立图书馆参观，彼得 · 塔戈里教授在讲解（图片来源：何可人）

图 8-8　2023 年国际工作室美院同学与威斯敏斯特大学师生参观萨伏伊别墅

8.1 为谁而设计：当代城市社群

当代城市社会住宅居住的主体是谁？我们为谁而设计？这是教学课题探索中最为首要的问题。在这个问题上的思考和分析，最能体现一个国家或一个城市最为基本的特点和问题。社会住宅的本质是解决大规模劳动力的再生产问题。这个问题产生于欧洲 19 世纪的工业革命以及快速城市化进程期间，大量激增的产业工人带来的居住问题，成为大城市的关键性问题之一，也成为不同国家的普遍性问题。然而，后工业时代与全球化时代来临，随着工厂的外迁以及全球资本对生产资源的重新分配，在劳动力的社会构成与劳动形式已经发生变化的当下，什么是今天的社会住宅问题？从劳动与劳动力的角度思考当代居住问题与社会住宅，成为本书的一个基本出发点。

由于世界各国各城市的经济政治、历史缘由、地理气候、宗教文化、人群种族等存在巨大的差异，在设计社会住宅的同时，针对的城市社群主体也有很大的差异性和复杂性。因此，每个课题都需要针对不同的城市社群，在不同的时空下，作出特定条件的判断。比如，在以中国的城市为基地设计社会住宅时，居住主体除了一般意义上的中低收入家庭，还有中国 2000 年以来出现的“新工人阶级”：知识工人和创意阶层，以及年轻的学生社群，即所谓的新移民等；在伦敦设计社会住宅时，外来移民、难民阶层和无家可归者则构成了中低收入家庭的主要成分，他们的文化、宗教和流动性可能成为设计考虑的重要因素；巴黎的当代社会住宅，近年来除了外来移民家庭，也开始聚焦于特殊的社会群体，如警察、护士、消防员等对社会具有重要安全保障的职业群体。

城市也是个动态的存在，尤其是国际化的大城市，居住人群随着时间空间的迁徙、流动与变迁也是一个重要的考虑因素。北京 20 世纪 50 ～ 80 年代的老旧居住小区的建筑面临更新改造，然而由于“学区房”这个特殊的中国特色问题，使得更新设计变得更加错综复杂。深圳城中村的问题代表着一个时代的印记，如何改造和更新是一个复杂的社会问题。对于伦敦、巴黎和纽约这种外来移民聚集的大城市，各个种族社群在主流文化下遭到冲击，潮流和传统文化在居住设计中如何保持平衡，也是摆在设计师面前的一项特殊挑战。

设计师的文化背景和经验也是非常重要的一环。作为缺乏异域文化经历的学生来说，需要在短时间内理解并且去诠释一个陌生的文化环境，是一个很大的挑战。因此搭建一个能够充分交流、沟通和探讨的平台至关重要——不同文化背景的人在此相互交流和碰撞之后，不仅能够发现彼此的不同，更重要的是能发现彼此的相同之处。尤其是在 2019 年之后的全球疫情、封控和隔离严重地影响了我们的生活方式后，我们前所未有地感受到城市公共空间的重要性，也更加迫使我们思考人类存在的共性而非差异性。我们应当放下偏见，回归到人类之所以存在的本原，“居住”便是最为基本的一个因素（图 8-9 ～图 8-14）。

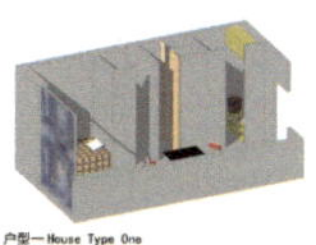

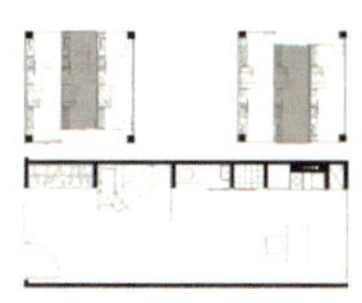

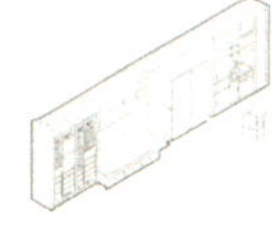

图 8-9　高密度下的新生活模式
刘名沛（上），CAFA2012 级本科建筑，
付一玲（下），CAFA2012 级本科建筑，
2015—2016 年秋季课题
辅导：韩涛，刘斯雍，何可人

本设计针对北京西客站周边住宅小区进行更新改造，目标人群是年轻的学生群体。两种户型分别为 2 人及 5 ~ 6 人合租而设计，有界定分明的私密空间与共享的公共空间。公共空间亦可构成城市的新风景。

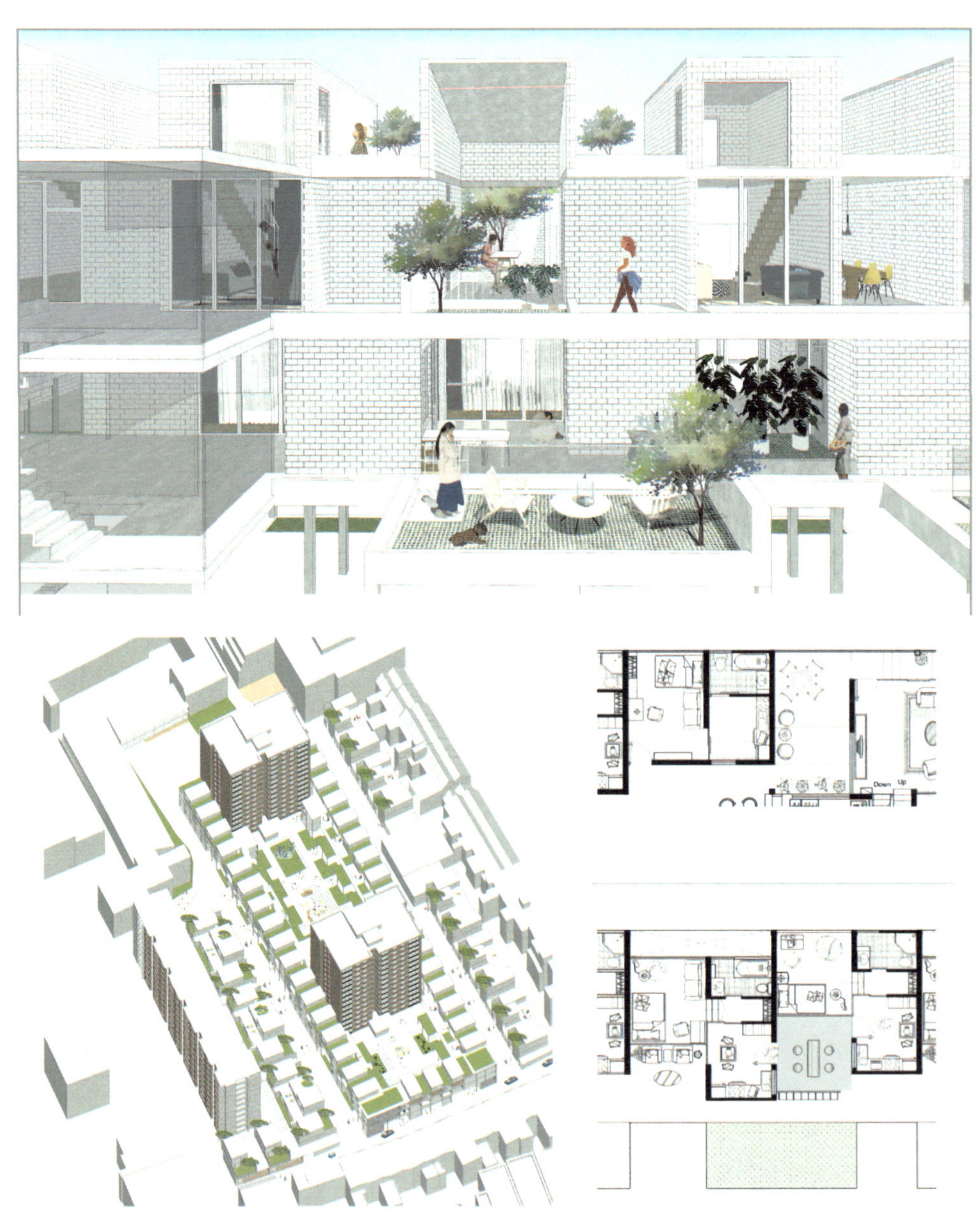

图 8-10　快乐一家
陈钊鸣，CAFA2014 级本科建筑，2017—2018 年春季课题
辅导：张中琦，何可人，戴维·波特

伦敦科洛莫街位于国王十字火车站附近，现有两幢 20 世纪 70 年代建造的社会住宅。附近有不少多元化、种族混居的社区和学校。新的设计在局促的场地中，利用低层高密度重新塑造出传统的街道界面。周围学校的青年学生可共享邻里环境，与社区结合而不是分离。同时寓所之间设置了大量共享的平台和花园，可供不同社群的居民共同使用。

图 8-11　戴夫特青年公寓
陈墨玉，CAFA2016 级本科建筑，2019—2020 年春季课题
辅导：何可人，张中琦

伦敦新十字街周围有很多学校为青年设计价格合理的公寓，并且希望促进各个种族年轻人之间的交流。这个方案对阳台有特殊的设计，不但给每套公寓充足的户外平台，并且在跨层之间也能够相互看见和聊天。虽然在安全考虑上有一些不切实际，但是鉴于这个方案完成于 2020 年春季疫情期间第一次居家上课时期，渴望户外空间和人与人之间交流的心情在方案中也能得到体现。

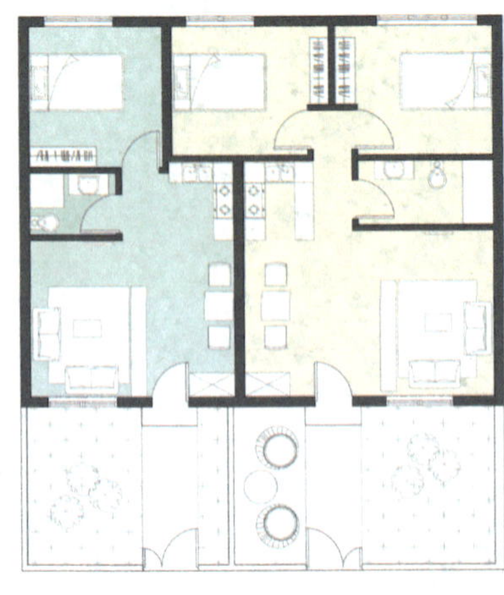

Typy d e House for the aged

d. 1B1P

28㎡ (+13.5㎡ garden)	
bedroom	8.1㎡
living room	8.1㎡
kitchen +	
dinning room	5.4㎡

e. 2B2P

44㎡ (+17.9㎡ garden)	
bedroom I	8.3㎡
bedroom II	8.3㎡
living room	10.2㎡
kitchen +	
dinning room	5.4㎡

图 8–12 伦敦新十字街混合居住
王腾乐，CAFA2016 级本科城市，2019—2020 年春季课题
辅导：何可人，张中琦

这个项目给予不同人群多种选择，居住模式从单身居住到 5 人家庭套房，还有专门为老年人设计的公寓户型，在底层设置入户的花园。

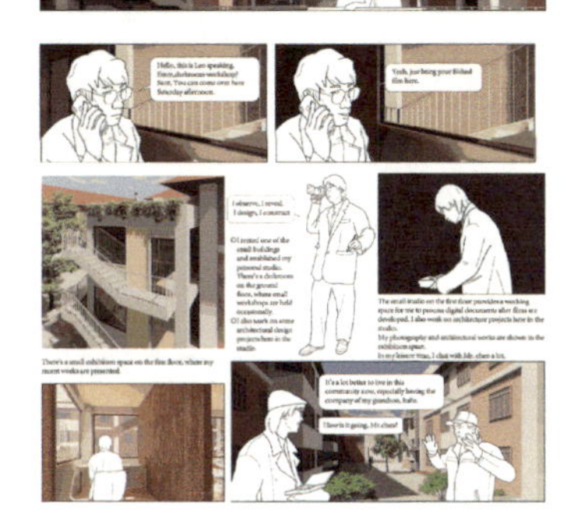

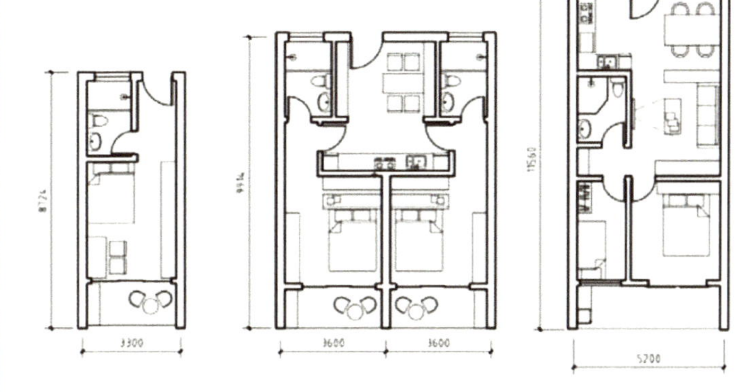

图 8–13　社区的改编
柳逸轩，CAFA2018 级本科建筑，2021—2022 年秋季课题
辅导：何可人，彼得·塔戈里

该课题是北京百万庄小区改造。这个由张开济大师于 20 世纪 50 年代设计的住宅区采用街坊式组团布局，共三层。住宅之间间距宽敞，密度相对较低，绿化很好。由于年代久远，住宅建筑户型与当代生活方式有所脱节，严重缺乏公共设施。这个改造方案根据对当地居民和邻里生活方式深入的调研，锁定三种人群作为设计的对象：百万庄社区现有的居民陈先生（真实的人物）、周围学校的年轻教师，还有以自我为原型的年轻建筑师和摄影家。设计师首先分别以这三个人为原型设计故事板，然后将现有组团内一组 20 世纪 70 年代建的抗震住宅拆除，改造成为单身人士和家庭居住的住宅，同时在建筑一侧设置共用的厨房、餐厅和活动室，向整个社区开放，从户外也可以到达。在原有建筑转折的部分植入小体量的工作 / 居住型建筑，供年轻艺术家租用。新建建筑的外形与材料也尽量与现有的红砖住宅保持整体性。两栋建筑之间的空地利用地下庭院发掘额外的社区公共空间。

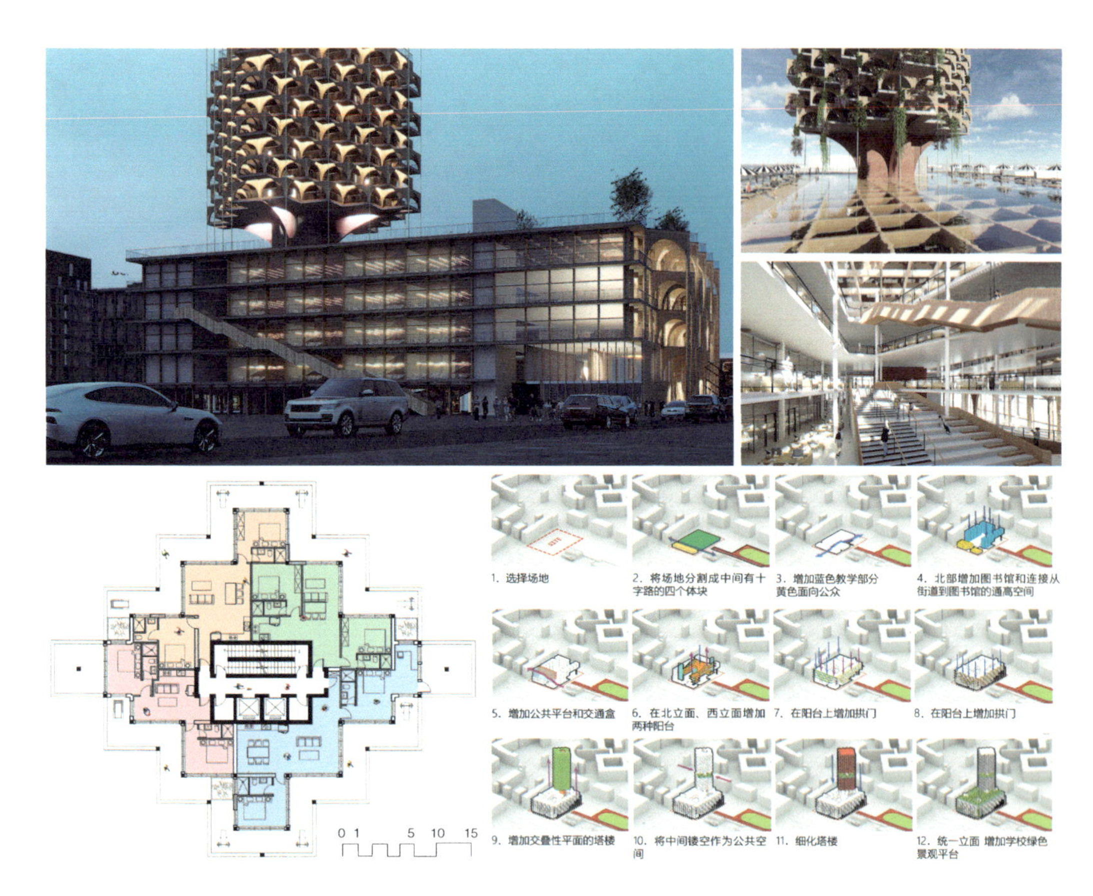

图 8-14 巴黎圣但尼职业学校
曾繁蓉，CAFA2020 级本科建筑，2023—2024 年秋季课题
辅导：何可人，彼得·塔戈里，刘焉陈

这个学期的课题是每个同学选取巴黎的两处地址——位于城北的 2024 巴黎奥运村所建地点圣但尼和位于城南的巴黎国际大学城，针对每个地区场所的特性，策划尊重地域文化、场所精神和当代主题的设计，同时还需要具备居住的条件。参与这个方案的同学经过对圣但尼地区人口结构和职业数据的调查分析，认为即使奥运会将会带来很多新的工作机会，但是这个地区由于外来移民很多，低收入年轻人缺乏足够的教育，人群的就业质量可能与未来的发展出现偏差，因此培养当代所需人才的职业学校可能是一个好的提案。选取的场地位于圣但尼奥运村西侧一块空地，周围充满了住宅区、废弃的工业厂房和仓储，以及正在建设的奥运村。整个综合体分为社区、学校以及宿舍三个部分，以学校为基础，紧密地结合城市商业（学生自己开办的实践工作室）、社区活动（对社区开放的图书馆、展厅、屋顶休闲平台）与居住（包含每层外围的共享阳台和中间层的共享客厅），同时结合了都市种植和屋顶水池用于小气候的调节。整个方案针对特定的人群，思路明确，对于未来城市学校的建设也有一定启发。

8.2 院落、联排和城市别墅：传统住宅类型的当代转译

从 2014 年秋季课题开始到 2020 年之间，国际工作室在北京的课题选址涵盖范围比较宽泛，有传统的胡同区域（2014 年菊儿胡同），20 世纪 50 年代的住宅大院（2021 年百万庄小区），80 ～ 90 年代的住宅小区（2015 年西客站小区、2017 年富国里小区、2018—2020 年三源里社区），甚至更为极端的近郊区大规模商业存量用地（2016 年丰台汽配城），以及西部山区乡村（2021 年门头沟爨底下村）。伦敦课题的场地则选在东伦敦、伦敦南岸和西北部坎姆顿区等密度高、人群复杂、待开发的区域。2020 年以来的课题常常同时在城市中选取两处场地，如巴黎北部的圣但尼地区和南部的大学城（2023 年），苏州旧城和新区（2022 年）等，目的是训练学生在不同场所运用合理的设计策略。无论是在哪里，首要的是探索城市的住宅文化及其形式的运用。世界各地住宅的类型看似多种多样、千变万化，实则从类型学角度基本不超过几种。这里总结了都市集合住宅的三种基本类型：院落式住宅、联排住宅和城市别墅。学生在设计中选取何种类型的策略，虽然与城市和场地有着很大的关系，但是很大程度也来自文化的因素，即城市文化和居住文化的传统在原型的选取中也起到了关键的作用，并且在这一点上成为测试不同背景设计师的一种独特方式。

8.2.1 院落式住宅

北京的四合院是独特的世界遗产。20 世纪 80 ～ 90 年代吴良镛教授的清华团队曾做了大量研究，在四合院的基础上发展出新的住宅院落体系，希望得到推广。北京 20 世纪 50 年代之后的集合住宅基本是住宅小区类型的，院落式的案例则很少。如何将传统的院落式住宅进行转译和诠释，使其既能适应新的生活方式和要求，又能保留传统的居住艺术，对于年轻的学子来说是个挑战。来自不同背景文化的学生常常在这方面有着全然不同的想法和策略。有些来自国外的学生对于中国传统文化有着极大的兴趣和很多的关注点，诠释的方式也与中国同学不同，他们甚至对于传统的四合院有着更大的兴趣。中国同学则无论在哪里，都喜欢博采众长，更倾向略微大胆和夸张的形式（图 8–15 ～图 8–19）。

8.2.2 联排住宅

用来塑造街道立面的联排住宅不是中国城市的传统，但是在伦敦却是随处可见的景观。19 世纪维多利亚时期建立的这种联排住宅所塑造的伦敦街道文化，在现代主义时期也曾遭受冲击，例如打破街道肌理、形成大街区的巴比肯中心。但是 20 世纪六七十年代，如尼弗・布

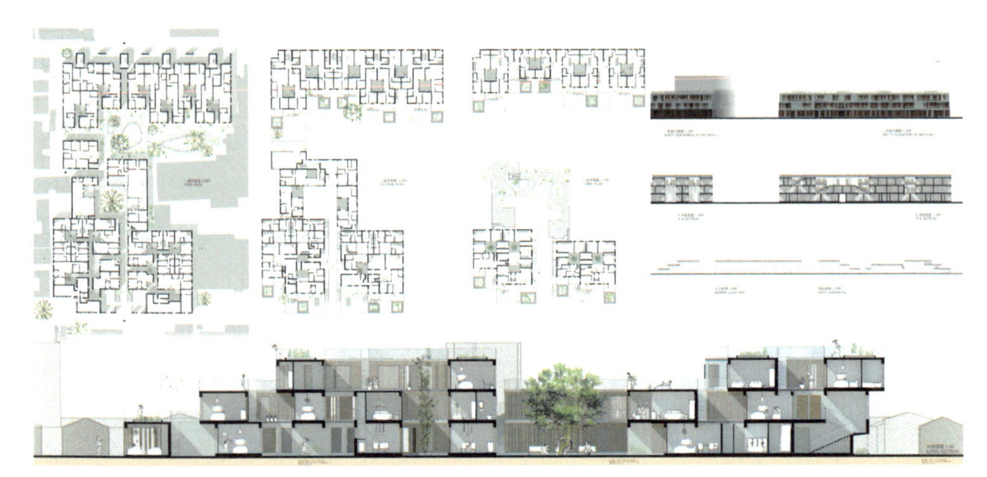

图 8-15　菊儿胡同“微”合院
易家亿，CAFA2011 级本科建筑，2014—2015 年秋季课题
辅导：何可人，王威，刘斯雍

本课题是在吴良镛教授 20 世纪 80~90 年代改造的菊儿胡同住宅基础上，设想如何重新将传统的四合院模式转译成现代的居住方式。院落的长宽尺寸和周围楼层的高度和关系是关键，不同尺度的院落服务不同的功能，楼层也根据日照而高低错落，避免同质化，与此同时也引入住户之间半私密的公共空间和屋顶花园。

图 8-16　重新想象的胡同
Ryan Myers，威斯敏斯特大学本科三年级，2018—2019 年秋季课题
辅导：张中琦，何可人

外国学生对于北京传统四合院的兴趣和观点与本地学生有所不同，他们对于传统的执念甚至超过中国学生。北京朝阳区三源里这个课题是在城市的一块三角地社区中保留在西北侧的高层建筑，在余下的三角形空地中增加额外的住宅密度，并需要考虑位于东侧的网红菜市场。这个方案将传统的四合院转译，发展成两层，并排植入三角形的空地中去。每个院落由 5 户合住，居住主体主要是年轻学生或是菜市场服务的打工人，位于院落外侧的楼梯可到达屋顶花园，面向社区的所有人开放。而屋顶留有结构框架，为日后的家庭扩充留有余地。

图 8-17　开放四合院
Drew Yates，威斯敏斯特大学本科三年级，2017—2018 年秋季课题
辅导：张中琦，何可人

这个学期选地在北京西城区 20 世纪 90 年代初建成的富国里小区。这个方案在富国里小区的南侧一块预留的长条场地中引入一排低层社会住宅，以单独的几种院落形式排列在一起，改善传统的四合院封闭的特性，对外打开部分公共的院落空间，与城市街道产生对话。每个院落由两户多代际家庭组成，共用的楼梯可达屋顶花园。

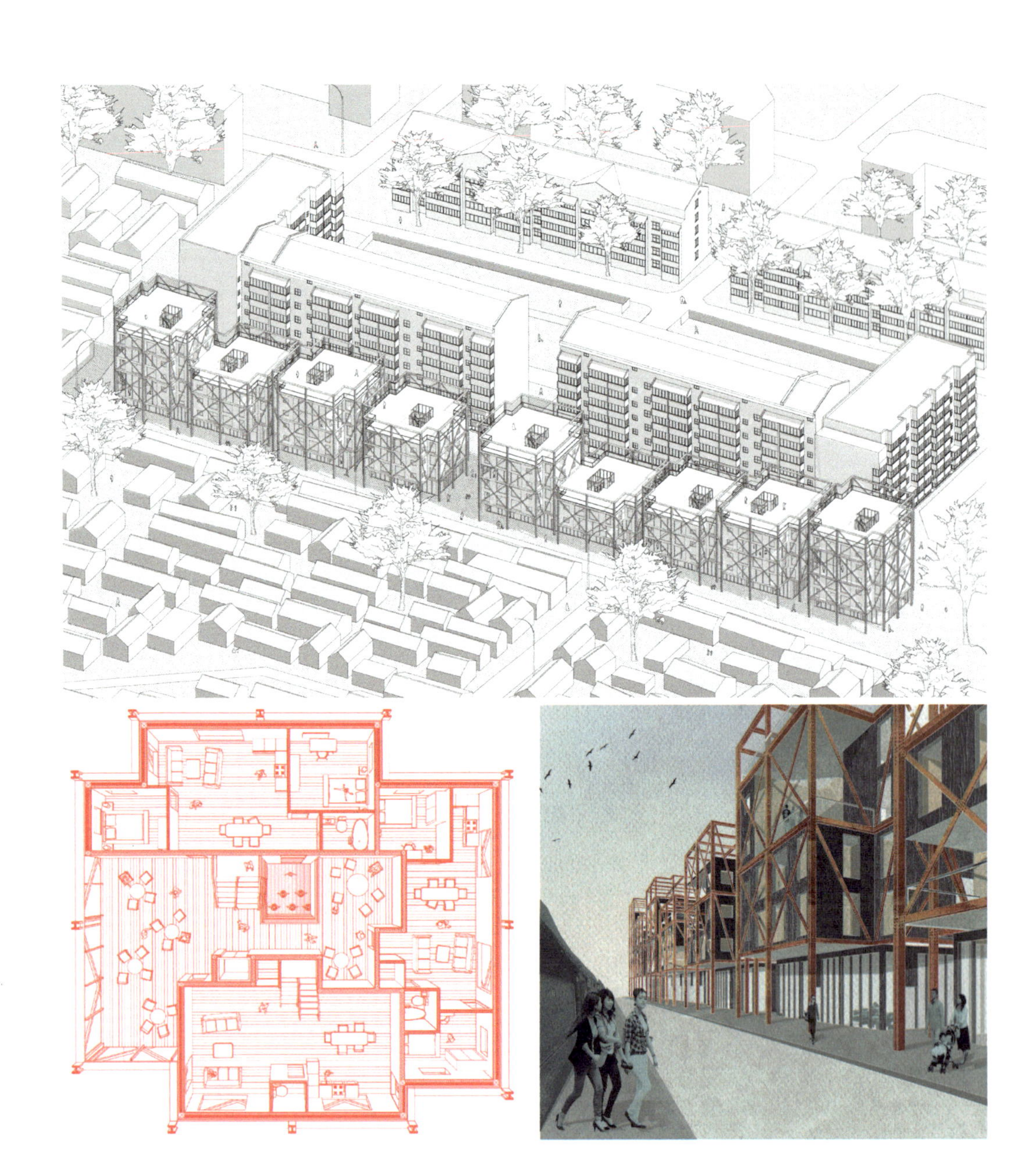

图 8-18　空中的庭院
Remi Kuforiji，威斯敏斯特大学本科三年级，2017—2018 年秋季课题
辅导：张中琦，何可人

该方案设计位于北京富国里小区南侧空地，虽然整体方案像是一组联排，但是每个单元都是一个小型的多层庭院式住宅，而每个单元的庭院是封闭的，形成一个较大的双层高的“冬季花园”，由围合庭院的几户居民共享，这也是对北京冬天气候寒冷从而缺少户外活动空间的回应。这个空中的“庭院”在不同单元可以变换位置，形成立面的丰富韵律。同时每个共享的“庭院”布局和外观设计灵活，可随着居民的生活习惯改变格局，既可以在夏季打开成为户外就餐的区域，也可以在冬天封闭后形成花房。

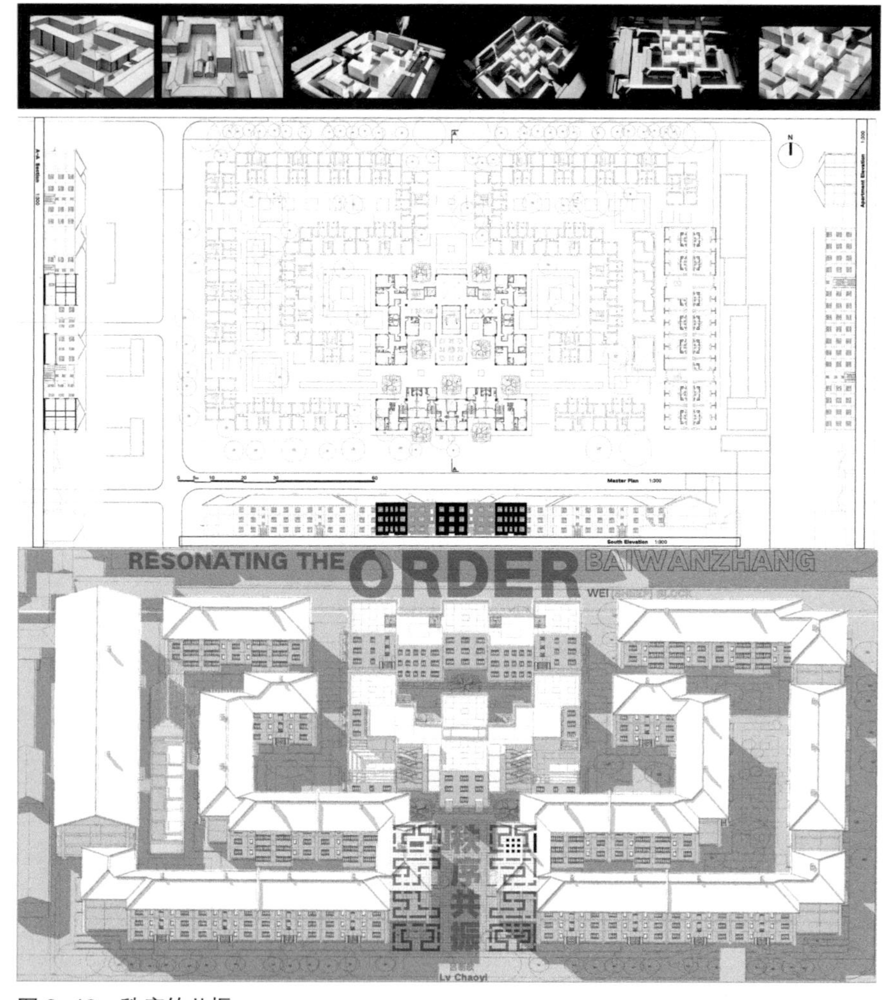

图 8-19　秩序的共振
吕朝歆，CAFA2018 级本科建筑，2021—2022 年秋季课题
辅导：何可人，彼得・塔戈里

北京百万庄小区是 20 世纪 50 年代新中国成立后最早的一批集合住宅小区，由张开济大师设计，受苏联街坊社区的影响，规划为组团式排布，一般都是 3 层。前几年，百万庄小区的改造问题成为关注的焦点。经过几十年，百万庄小区内部也发生很多变化，复杂的现状也给学生带来很大挑战，面临的选择也很多。这个方案选择了其中的未区组团，最大程度地尊重了 50 年代最初的设计，保留了原有的 3 层楼房，拆除中间 70 年代地震后搭建的 5 层楼，植入一套新的 3 层体块，从开间和进深上都与原来的建筑保持一致。新增加 90 多户住宅，其中 30 户给周围的幼儿园、中小学教师群体，18 户给社区老年人，46 户给特殊群体如医生和护士，以及回迁住户。南向的教师住宅每户都有阳台，住户间共享小花园。为老年住宅配备的设施有诊所、图书馆、娱乐室和食堂，都面向花园。

朗那一代的建筑师，曾经探索了一套回归城市街道和联排住宅的低层高密度体系，他们认为新建的社会住宅依然是“城市的一部分”。经过 20 世纪 80 ～ 90 年代的商品化住宅时期，21 世纪之后新一代英国建筑师彼得·巴伯等人继承前辈的传统，重新开始思考回归街道文化的低层高密度社会住宅。通过对这些历史的回顾，今天的我们尝试着在不同的城市中塑造新的联排住宅，更大的挑战来自对这种城市文化的陌生感。从中我们可以看到东西方文化的碰撞、新生活与旧生活的融合，对于建筑和城市来说，都是一种实验（图 8-20 ～图 8-22）。

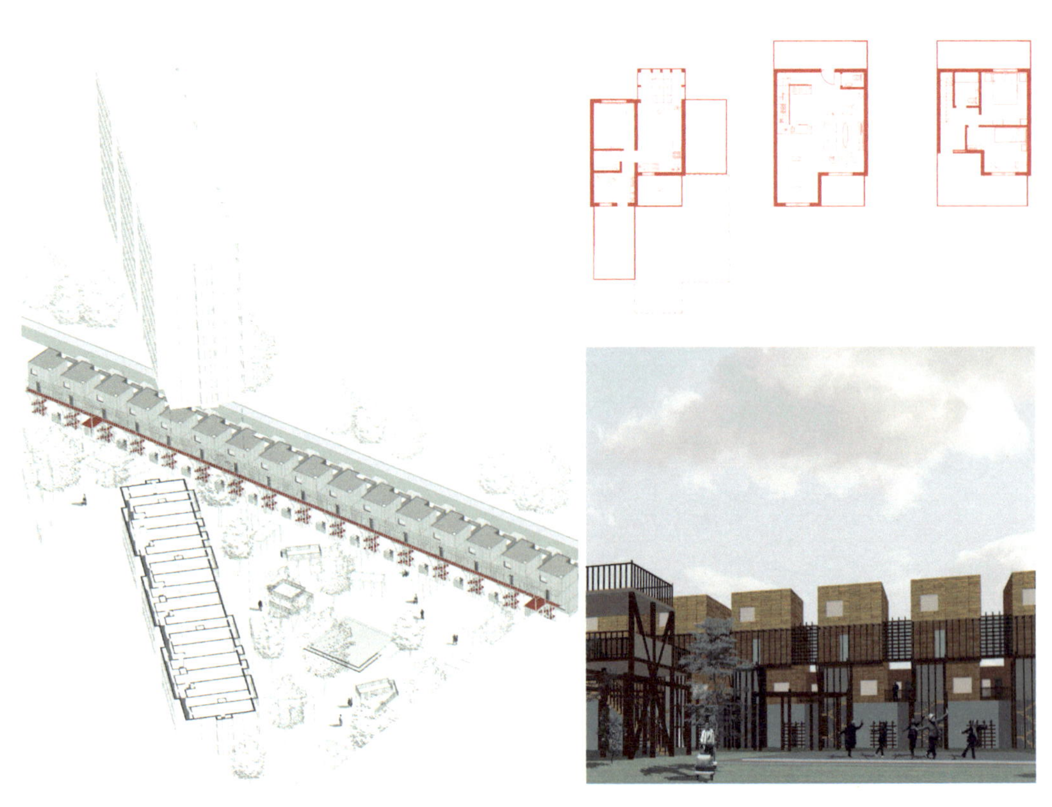

图 8-20　外来居民友好社区
Catalina Stroe，威斯敏斯特大学本科三年级，2018—2019 年秋季课题
辅导：张中琦，何可人

这种联排住宅在伦敦随处可见，但是在北京则属于一种尝试。这个联排住宅建设在现有的北京三源里菜市场之上，主要为在此工作的外来工作人员和家庭提供居住空间。底层是一套小公寓，上层的跃层则是为带有家眷的外来人员居住而设计，由共用的走廊连接。题目用了“Migrants”（移民）来形容外来务工人员，能够看出来自欧洲的同学对于身份识别性的强烈意识和敏感度。使用的材料主要是预制的木框架结构。联排住宅面向现有的小公园，在架空的底层还设置了一些公共空间，如图书馆、游戏室和会议室等，在此外来人员也可以通过公共活动与本地居民交往，成为和谐共处的邻里的一部分。

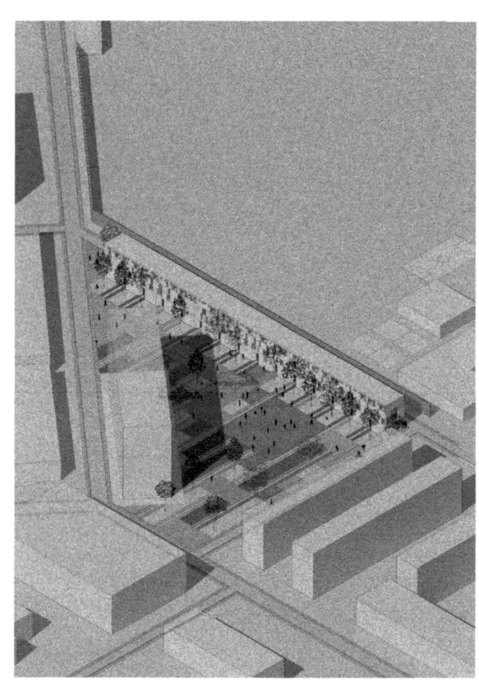

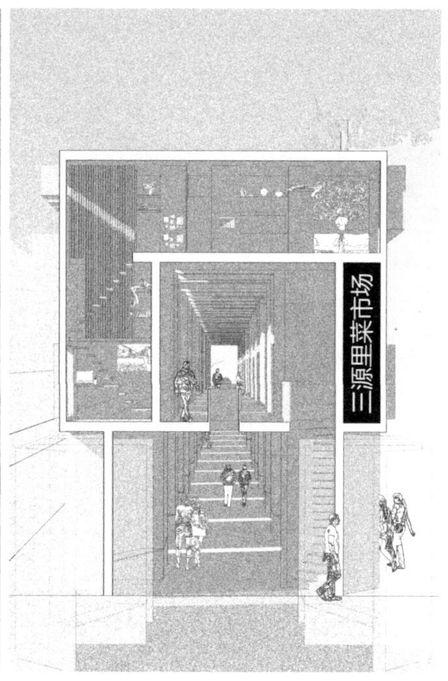

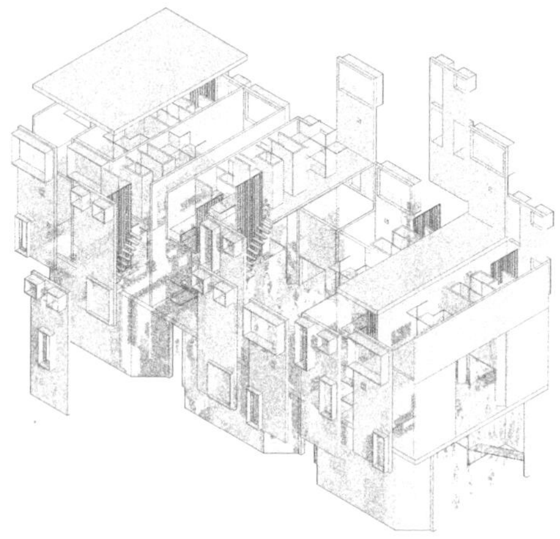

图 8-21　市场之上
Matthew Lindsay，威斯敏斯特大学本科三年级，2018—2019 年秋季课题
辅导：张中琦，何可人

这个方案也是在现有的三源里菜市场之上设计一排居住 / 工作型的工作室。原有的菜市场内在的通道同时也成为上层公寓的街道，二层的跑马廊成为“第二条街道”，在二层设置了一组开放性的居住 / 工作型的工作室，从这里由楼梯上至横跨整个市场宽度的三层，狭长的居住单元一侧是起居室，另一侧是卧室。这种类型的工作室受到皮埃尔・维托里奥・奥雷利（Pier Vittorio Aureli）“最小居住”研究的启发。立面设计也充分考虑城市的肌理，底层有较为规则的韵律表达，上层的表达则具有更多的多孔性和开放性。

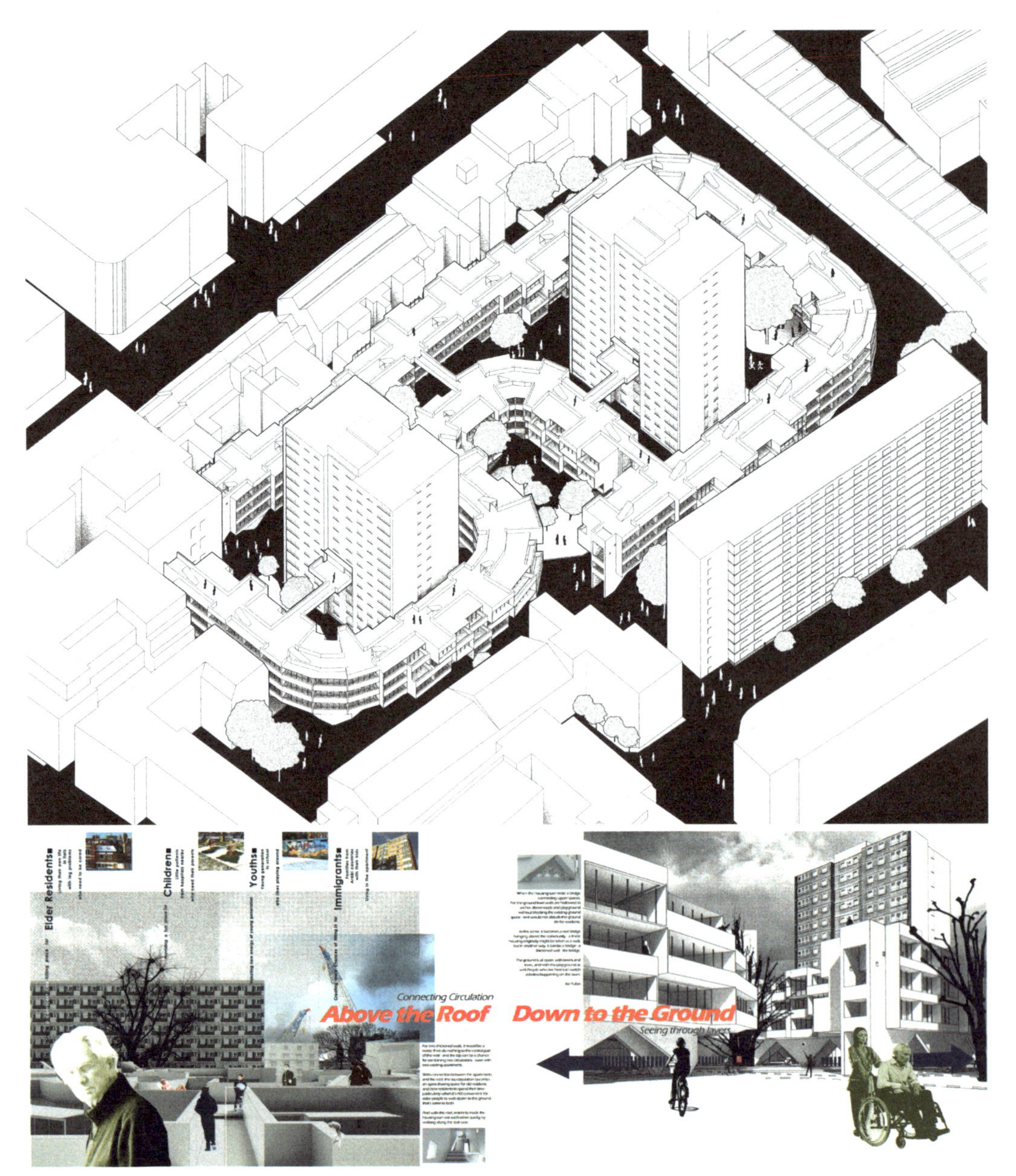

图 8-22　“墙”之上下
谢雨帆，CAFA2014 级本科建筑，2017—2018 年春季课题
辅导：张中琦，何可人

这个方案位于伦敦科洛莫街，在原有基地上设计了一组变体的联排住宅，实际上塑造了一段蜿蜒连续的“墙”，然而这面墙起到的作用不是防御，而是连接场地的各个部分。住宅共四层，底层架空，中间层的住宅构成复杂，在虚实之间制造出一系列户内外空间的组合，从单人间的工作室到 5 人的家庭单元。整个住宅“墙”的屋顶是一条线形开放的屋顶花园，串联了新建和现有的住宅，供所有居民共享。

8.2.3 城市别墅

城市别墅指的是城市中一种多家庭的多层集合居住方式，通常具有垂直叠加的特性。城市别墅可以形成各自的独立性，也可以通过其他设计方式连接在一起。昂格斯和库哈斯等人在 1977 年出版的《城市中的城市》中，曾将城市别墅作为未来城市缩减之后一种最主要的住宅形态来研究。城市发展到今天，尤其是疫情过后，人们对生活方式有了新的反思，因此对于居住的多样性和多功能性有了新的认识。昂格斯等人曾经构想的由城市别墅组合而成的“群岛模式”似乎又有了新的市场，引发了人们新一轮的思考（图 8-23 ～图 8-26）。

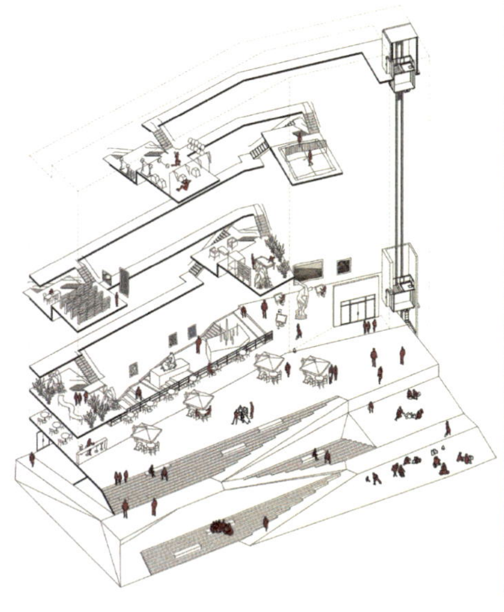

图 8-23　垂直的纠缠
石泽元，CAFA2013 级本科建筑，2016—2017 年春季课题
辅导：张中琦

这是在伦敦南岸一个混合街区的项目，方案设计了一个线形的居住综合体，底层成为周围环境的一部分，引导人们从公园沿着倾斜的坡道和台阶来到建筑的开放平台，上面有咖啡厅等公共功能，平台下面是沿街的画廊，而平台之上则是居住的单元。居住的户型模仿马赛公寓，几乎都是跃层，避免了每层都有走廊。此外还有一些公共的设置，如图书室、健身房、会议室等，都穿插着设置在各层，与公共交通相联系。

图 8-24　寄生社区
徐殊昱，CAFA2015 级本科建筑，2018—2019 年秋季课题
辅导：刘斯雍，周宇舫，何可人

本方案利用原有北京三源里社区的一栋 11 层单面走廊的住宅楼，在北侧附加了一栋“寄生”的高层青年公寓，虽然是北向，但是通过退台与城市街道产生关联。将“寄生楼”与“母体”住宅楼的走廊扩大，形成丰富的共享内部空间。这个方案创造了一种特殊的住宅形式，为迫在眉睫的城市更新和集约土地的倡导提供了一个具有创新性和合理性的思路。

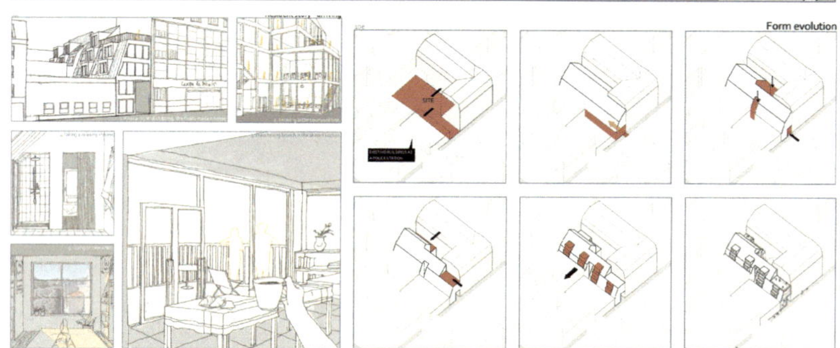

图 8-25　夹缝中的住宅
宋滢纯，CAFA2017 级本科建筑，2020—2021 年春季-巴黎旅行工作室课题
辅导：彼得・塔戈里，刘焉陈

在疫情期间的线上工作室，由每个学生选择巴黎的两个城区进行分析，然后选择其中的空余地块自我策划和设计出具有居住特性的空间。这个地段位于第十区路易・布朗克（Rue Loius Blanc）的两栋建筑之间狭窄的 L 形夹缝中。底层保持与街道的连续性，首层和二层容纳对外开放的小花园、餐厅、便利店和洗衣房，上面几层是居住单元，利用高差设计出一些半公共的区域，如共享厨房和休息平台。为了最大化地引进日照，屋顶做成巴黎特色的带老虎窗的复斜式屋顶阁楼。

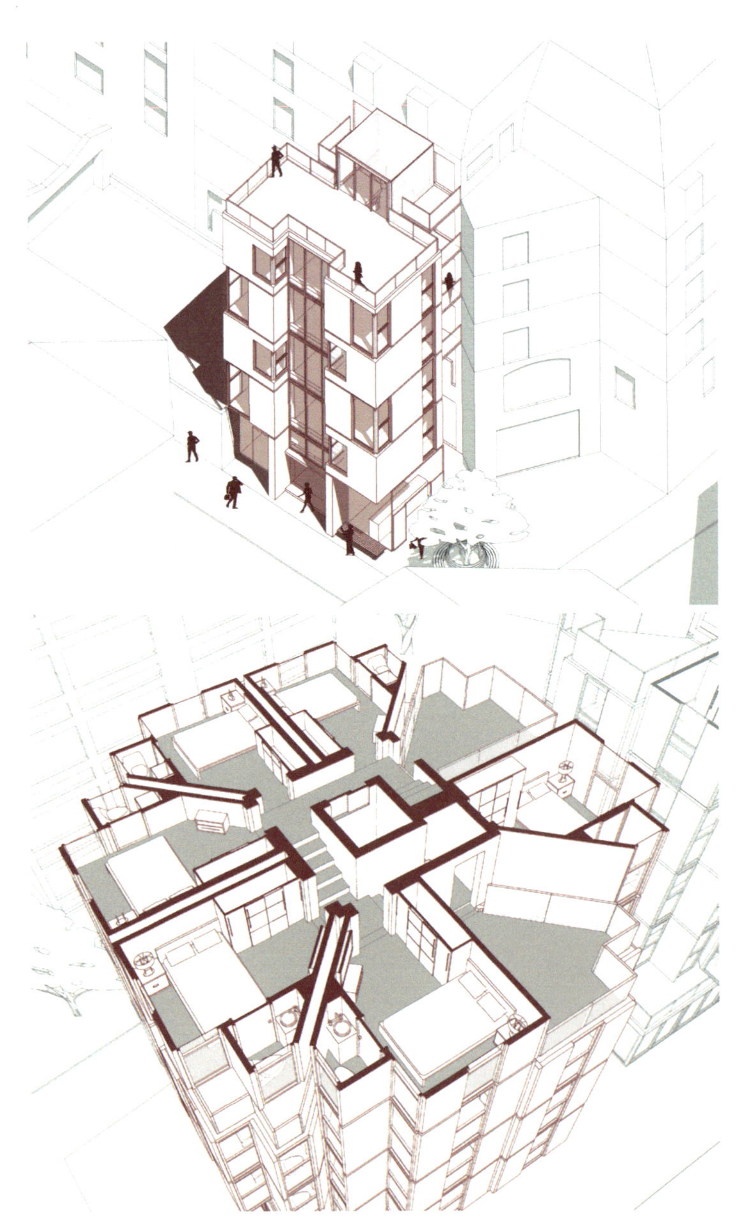

图 8-26 “寄生”住宅与“树屋”
杨霄鹏，CAFA2017 级本科建筑，2020—2021 年春季 - 巴黎旅行工作室课题
辅导：彼得·塔戈里，刘焉陈

这是两个形式新颖的方案。第一个位于巴黎第四区一处面积很小的街道转角，新增加的 8 户住宅像是“寄生”在原有的楼房上，每层的两户之间共用一个厨房；第二个方案位于第十五区的一个街道转角较宽阔的空地，紧邻着公园，因此底层作为公共的餐厅和其他设施，两栋住宅抬离地面，形成“树”样形式，给公园的背景留出空隙。每层 8 户面积很小的住宅，利用中间的交通核形成错层，并且每层都留出公共的共享空间，作为住户之间以及与周围环境交流的区域，也为日后发展留下一些余地。

8.3 私密性和公共性：不同时空和文化语境下的诠释

从过去十年的教学经验来看，与住宅相关的一个讨论焦点就是私密性和公共性问题。这个问题与文化背景息息相关。由于国际工作室的课题常常涉及不同文化背景的教师、学生和专业人士，选择的课题具有跨文化和跨地域的特点，在不同城市文化背景下，居民对私密性和公共性的概念和做法常常有着巨大的差别。例如，中国城市小区内常发生用私人物品占据走廊甚至户外等公共空间，或放置杂物而遮挡窗外的景观，中国的同学对此类现象司空见惯，但来自欧洲的学生则会产生很大的兴趣，会深入探究其各方面的原因；而对于欧洲城市开放住宅区的安全性，沿街公共空间和私密居住的混合使用，居民对室内窗外景观的重视，对中国学生来说也是一种文化的迥异，需要设身处地去理解。因此国际工作室在居住的公共性和私密性方面，有着具有深度和广度的讨论。

集合住宅的公共性问题也是近年讨论得较多的话题。由于历史原因，我国现有的住宅小区设计在公共配套方面还是沿用几十年前的规范，造成了无论是商品房还是社会住房，在公共设施方面都是欠缺的，而想突破这一点必须要有政策的加持，并逐步改变居民固有意识和惯有生活方式等举措，从任何一个方面来看，似乎都不是一蹴而就的事情。

然而，突如其来的新冠肺炎疫情影响了人们居住的方式和概念。人们更加意识到人与人面对面交流，以及城市公共空间的重要性。在铺天盖地讨论城市韧性的同时，我们也不得不回头思考居住的社会性、空间性这个基本的问题：在居住单元之间，社区与居住单元之间，社区范围之内，以及社区和城市之间，都具有怎样的关系？这些关系是静态的还是动态的？未来会发生哪些变化？这些也是工作室课题教学中最为注重的话题（图 8–27 ～图 8–31）。

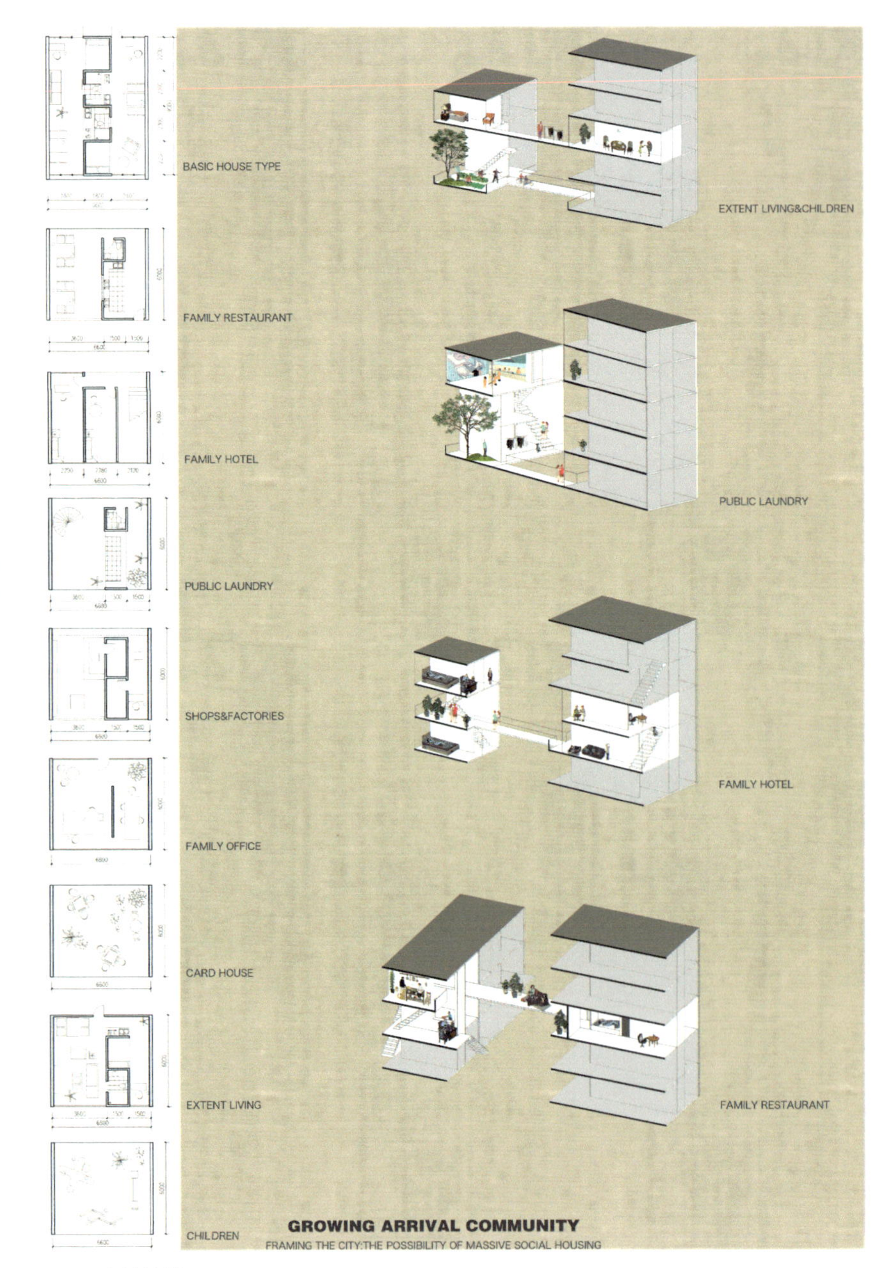

图 8-27　生长的社区
秦缅，CAFA2012 级本科建筑，2015—2016 年秋季课题
辅导：韩涛，刘斯雍，何可人

这组位于北京西客站附近社区的改造方案，将居住的空间与公共空间的界面统一，与城市的关系紧密。同时在主要居住单元之间留有空隙，预留出未来可以持续增长的空间，而这些空间则介于半私密性和公共性之间，既可以作为社区共享的客厅、健身房和活动空间，也可以成为临时租用的更为私密用途的居住单元。

图 8-28　新都市村庄
Ryan Speer，威斯敏斯特大学本科三年级，2018—2019 年秋季课题
辅导：张中琦，何可人

场地位于北京三源里小区的一块三角地，东侧是著名的三源里菜市场。这个方案采用了在地面以下满铺式和庭院式的处理，形成一系列复杂的大小庭院，打造了丰富的户外共享空间和居住体验。这里的居住单元是为菜市场打工者及家庭设置，家庭单元之间也有小型的花园供休闲。受到刘家琨西村大院的启发，屋顶上设置一条跑道，不仅可用作运动功能，也能像缎带一样将社区住宅连接在一起。

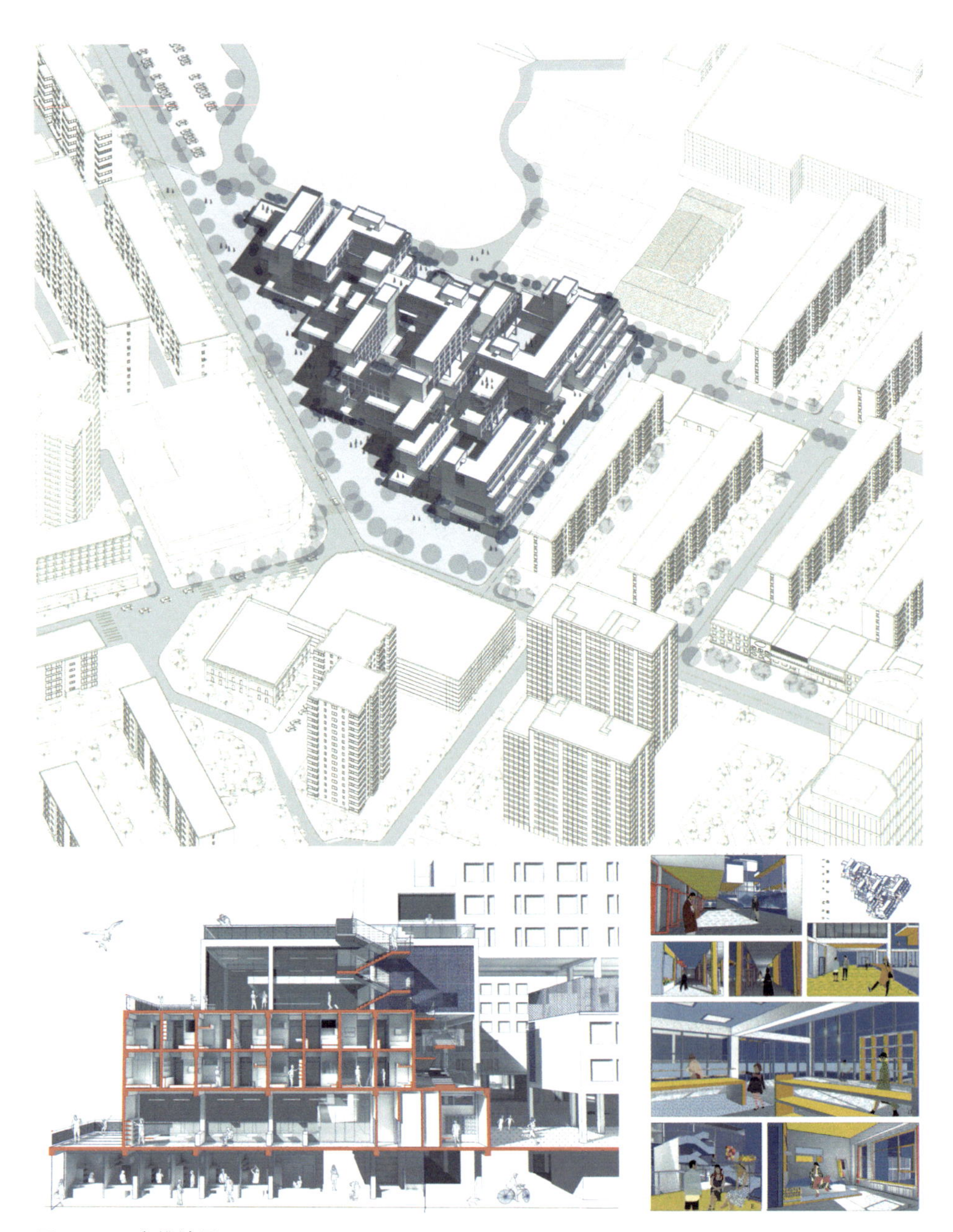

图 8-29　多维社区
曹馨文，CAFA2015 级本科建筑，2018—2019 年秋季课题
辅导：刘斯雍，周宇舫，何可人

本方案将包括三源里菜市场在内的空地全部占满，形成一个小型的居住 / 商业综合体，底层是原有的菜市场和新的城市商业空间。居住部分在二层以上，在二层架高一个平台，具有半公共的属性，城市居民和住户可以共同使用。同时还创造了多样的公共交流的空间，如公共客厅、儿童活动空间、咖啡厅、健身房等。

图 8-30　伦敦新十字街高密度社会住宅
许悦儒，CAFA2016 级本科建筑，2019—2020 年春季课题
辅导：何可人，张中琦

这是一个脱胎于特殊时期的作品。CAFA 本科四年级的一组同学原本计划在 2020 年春季赴伦敦做课题调研，疫情暴发之后行程取消，大家不得不在线上完成这个课题，这位同学做出一个集大成的方案：一座位于伦敦新十字街社区的城市别墅，除了为周围年轻学生设计的集合住宅，还提供了回馈社区的用于交往的大量公共空间：底层有便利店、幼儿园、咖啡厅，二层有架高的开放小花园，三层以上用一个环形的跑马廊连接起东西两侧的居住单元，中间有通高的中庭，走廊本身也可以作为日常交往的空间。除此之外，三层以上每层都有额外的公共交往空间，如半私密的小花园、学习室、健身房，甚至开放的空中剧场。整个建筑的公共空间几乎与居住空间同等面积，宛如一艘邮轮，住在其中的居民不用离开便可享受各种公共服务、娱乐休闲和人与人之间的交流活动。这为未来社区发展中公共性的考量，开启了一个新的篇章。

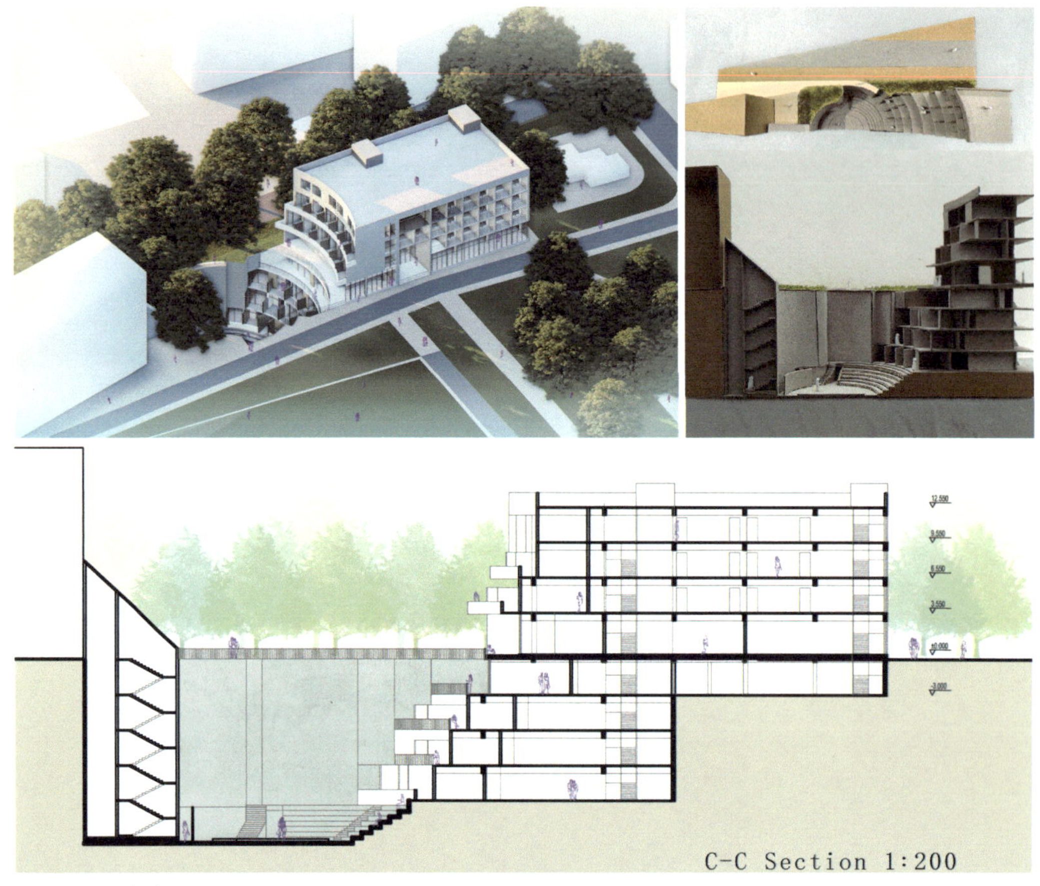

图 8-31 戏剧人生
徐昊阳，CAFA2020 级本科建筑，2023—2024 年秋季课题
辅导：何可人，彼得・塔戈里，刘焉陈

这个方案选取的地点位于巴黎城南的国际大学城的一块狭小的空地。由于大学城的地下曾经是开挖的采石场，这个方案有感于此而尝试挖掘出一个 15m 深的地下开放剧场，不仅满足了整个大学城缺乏户外剧场的需求，而且诠释了“戏剧如人生”的隐喻。与此同时，将公共剧场与学生公寓相结合，其中地下部分的公寓面向剧场，层层退后，每户有独立的阳台，如同舞台的私人包厢。而社区的其他人群则可以乘专用电梯或楼梯下至剧场，或者可以在地面上和屋顶观摩表演。这个建筑体量虽小，却具有挑战性地将开放性和私密性的功能融合在一起，利用复杂的流线组织，既做到相互交会又不过度打扰。

8.4 巨构街区与城市村庄：关于密度和秩序的讨论

住宅的密度既是技术性的问题，也是经济和文化的问题。“二战”以后，欧美社会对于集合住宅在密度和秩序上的探索成为现代主义建筑的纲领，随之也带来越来越多备受争议的住宅案例。当代全球各个城市都逐渐进入存量更新的时代，尤其是欧美城市，纷纷抛弃建制派和高密度的思路，城市住宅也呈现多样性的特点。

从 20 世纪初开始，我国在上海和天津等地建设了很多中西结合的低层高密度住宅，在改革开放初期的新住宅小区设计实验阶段，也曾有过不少低层高密度住宅的探索，20 世纪 80 ～ 90 年代，吴良镛先生指导下的菊儿胡同和清华大学吕俊华先生团队的花园式住宅，都是优秀的实验作品，然而未能得到推广。商品房时期造就的高层高密度集合住宅模式在几十年中已经成为我国大地从南到北的普遍景观，而低层高密度的探索和讨论逐渐呈边缘化趋势。

由于城市规划的影响，国际工作室早期在北京等大城市的课题，依然延续着中国城市宏大叙事的思路，常常选取的是大街区，从而设计了许多巨构的建筑；与此同时，在伦敦的课题设计则呈现出很大的反差。伦敦虽然也经历过高层巨构的时期，但是从 20 世纪 70 年代之后便有很多业界人士、建筑师参与到集合住宅的设计中，极力探索低层高密度，尊重传统的城市肌理和街道的设计。所以通过这种具有反差的交流和学习，开拓了国际工作室师生的思路和视野，预测了中国城市发展的规律，引发了工作室关于是高层高密度还是低层高密度，是建立秩序还是发展多样化的反思和讨论。工作室后期的课题涉及的范围更加宽泛，除了北京、伦敦、巴黎等国际一级大城市，也开始深入具有历史底蕴的城市和地区，如苏州、格林纳达和摩洛哥的马拉喀什等地，甚至具有历史特色文化的乡村。选择的场地通常具有比较性，设计的内容都具有居住的属性，但是不再完全囿于大规模的集合住宅，而是希望在城市更新的语境下，打破建立统一秩序的思路，创造出多元化的人居建成环境（图 8–32 ～图 8–38）。

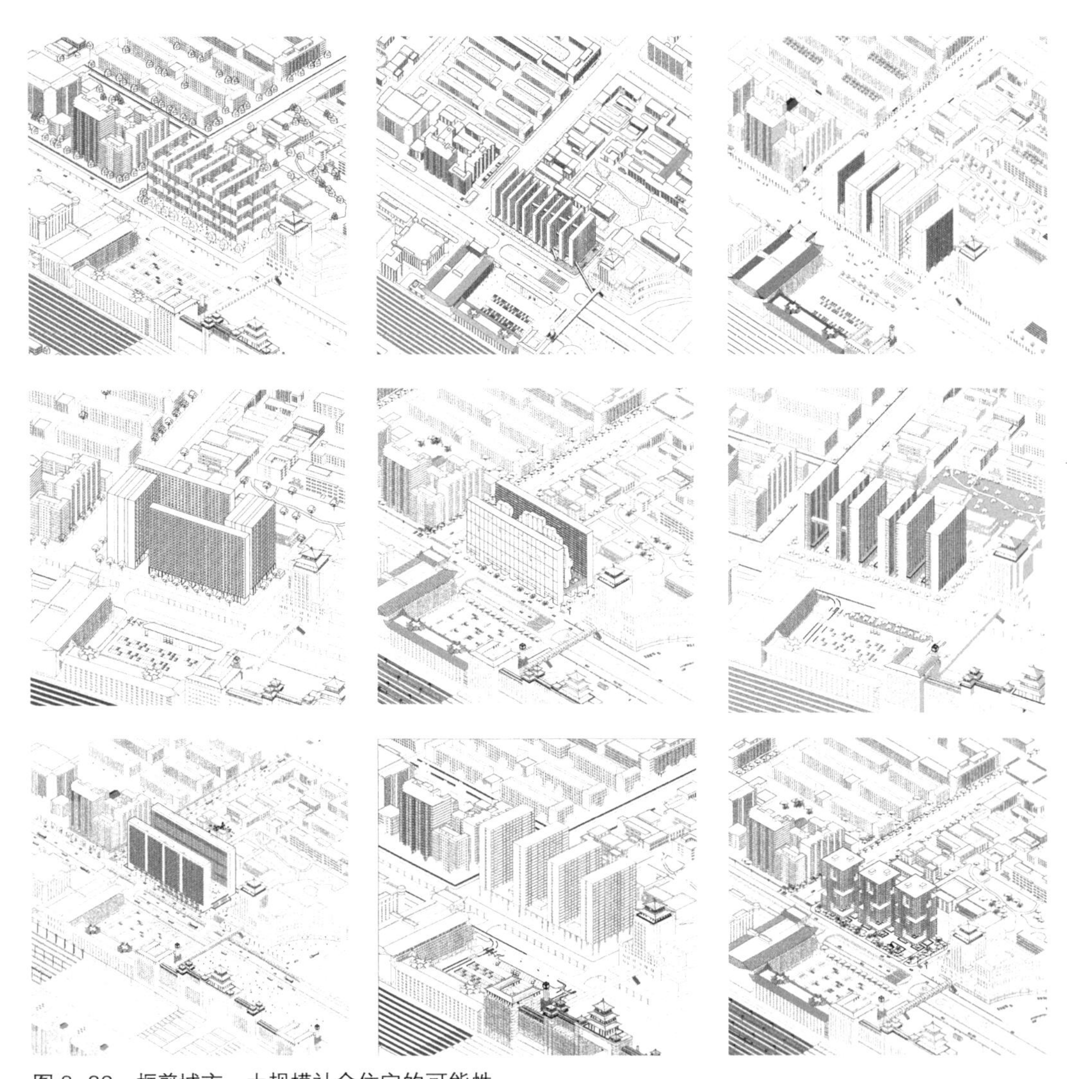

图 8-32　框剪城市：大规模社会住宅的可能性
付一玲，高鹏飞，李锦莉，刘名沛，刘明希，苗九颖，秦缅，孙玉成，王楚霄，徐子，CAFA2012 级本科建筑与城市；石润康，CAFA 交换生；2015—2016 年秋季课题
辅导：韩涛，刘斯雍，何可人

2015—2016 学年总的课题是“飞地 / 围地 3½ 的叙事性空间”。经过前半段深入的城市调研，选取设计的基地位于北京西站北侧，是一块居住着外来人员和原住民的“飞地”。周围环境异常复杂，包括城市快速路、大型火车站、酒店和商住楼等。本课题的一个重要视点是社会住宅的空间机制是一个积极的投射城市的工具，具有塑形城市的巨大能力。大规模的建筑能够从混乱的城市中分离而成为有明确边界的“城市中的城市”。这是工作室初期的课题，可以看出依然延续着中国城市宏大叙事的映射。

图 8-33　框剪城市：大规模社会住宅的可能性
高鹏飞（左上），秦缅（右上），王楚霄（左下），徐子（右下），CAFA2012 级本科建筑与城市，2015—2016 年秋季课题
辅导：韩涛，刘斯雍，何可人

居住的人群面向大城市的新工人阶层，即新涌入的知识产业人群。这些方案受到皮埃尔·奥雷利极小住宅和共享生活的启发，将私密的居住单元减至最小，极大化公共空间，并且用巨构形态的体量形成城市景观的“框架”。新居民们将会在此体验特有的社区场所感，而新的构筑物在体量上可与周围的建筑抗衡，并形成新的城市“风景”。

图 8–34　群岛与白板
洪梅莹，CAFA 2013 级本科建筑，2016—2017 年秋季课题
辅导：韩涛，刘斯雍，何可人

这个学期的课题是改造北京丰台汽配城。原有的综合体尺度巨大，每个区块呈院落式布局。每个学生针对一个区块将其改造为居住性的综合体。这个方案在原有建筑的结构框架体系下，形成住宅组团的合院；而围合在中间的二层主体为公共空间，如同一个个漂浮的岛屿，以步道和桥梁与室外街道和住宅相连形成群岛。住宅为 8 层，每层包含不同类型的居住单元，单元之间间隔着花园与公共空间。建筑没有外表皮，如同白板，表达着工业化的集约和预制系统，每个住户在框架中用自己各具特色的装饰表达其个性。

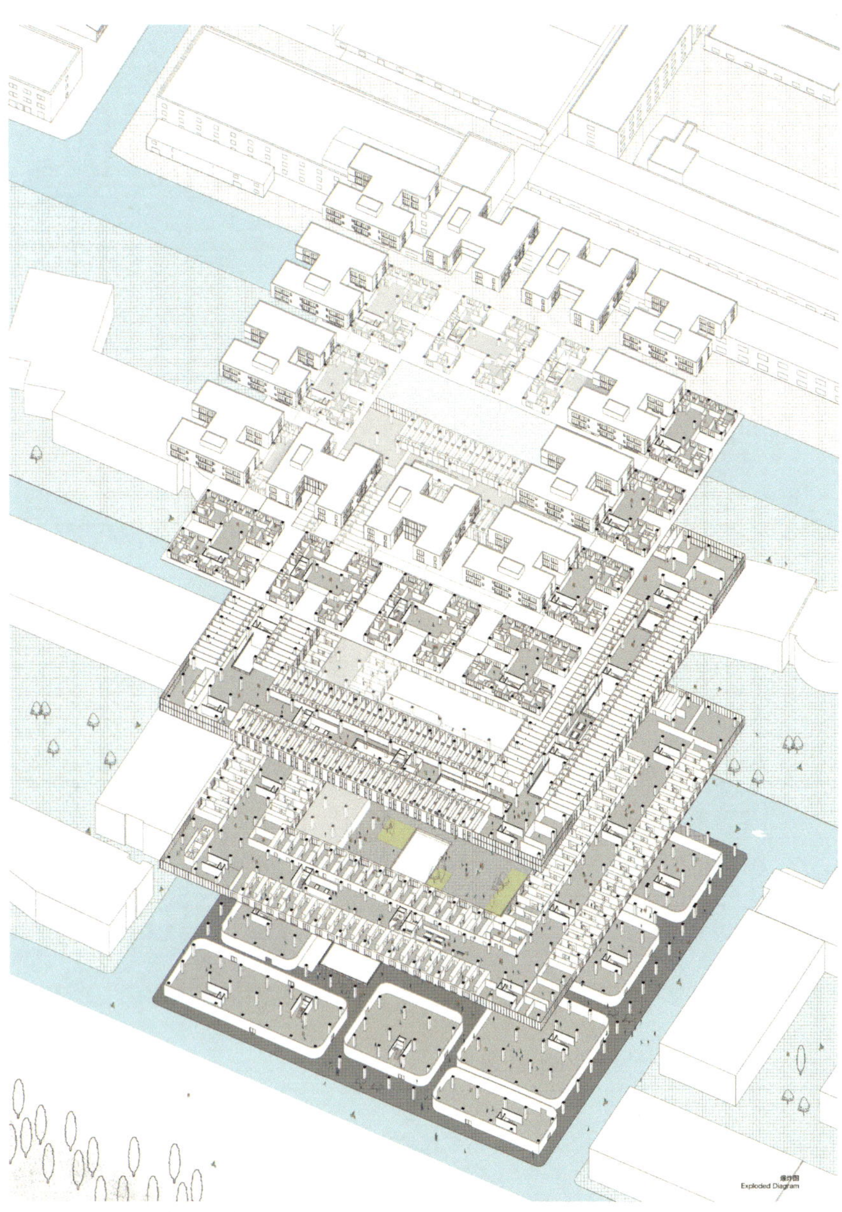

图 8-35　共同街区：我们如何生活在一起
刘乾钰，CAFA 2013 级本科建筑，2016—2017 年秋季课题
辅导：韩涛，刘斯雍，何可人

这个方案也是在原有丰台汽配城建筑的结构框架体系下进行改造，保留首层商业汽配功能，二层以上保留原有的结构框架，改造出每层不同类型的住宅系统，有的层以极小化的单身公寓为主，宽阔的走廊和转角形成多种多样的共享空间；有的层则包含面积较大的家庭户型，顶层甚至有小型的别墅。这样将不同种类的混合住宅集中在一个大型的区块中，目的是让城市居民“共同生活在一起”。围合的庭院中则是带有自然属性的户外花园景观，供居民和周围人群共同使用。

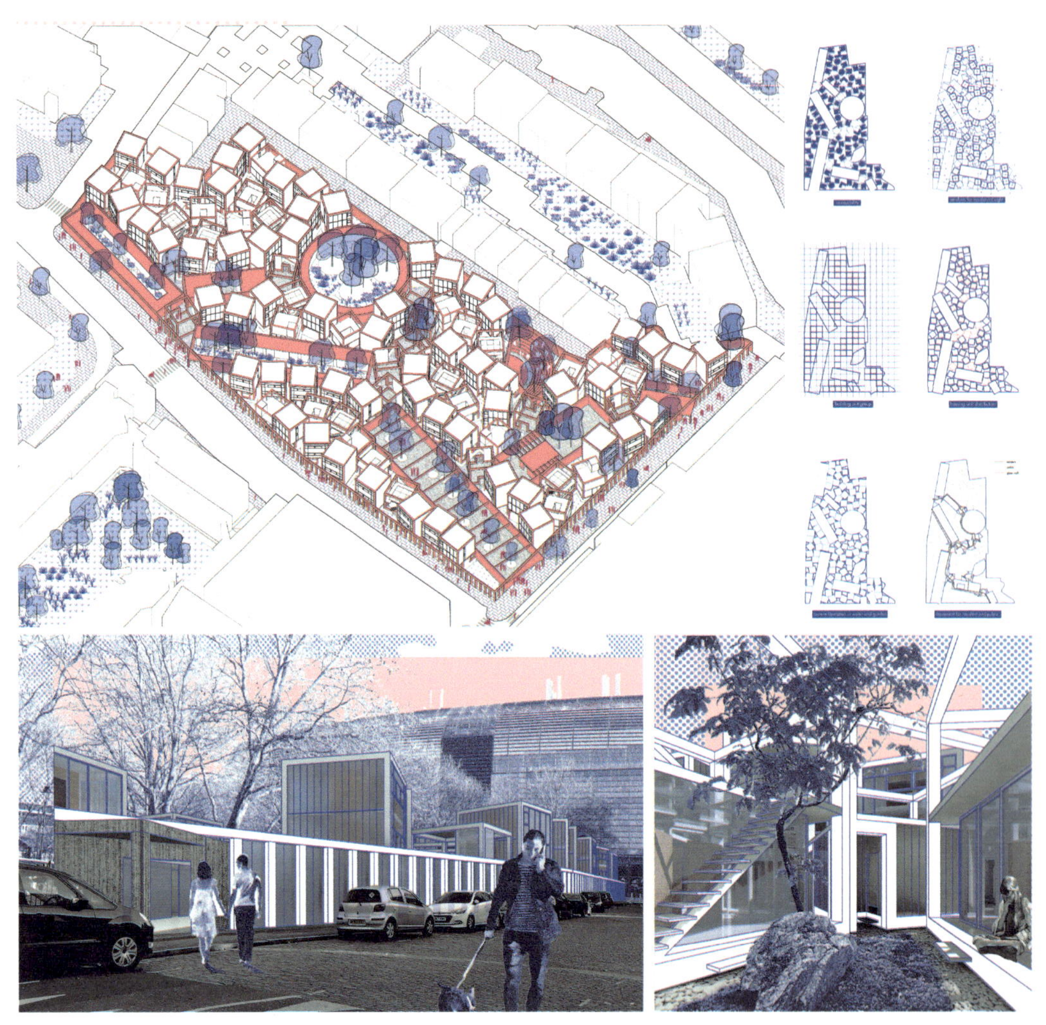

图 8-36　伦敦萨默斯镇的学生住宅
童子潇，CAFA 2015 级本科建筑，2018—2019 年春季课题
辅导：张中琦，何可人，刘斯雍

这个方案将一种小尺度的院落形式散布在整个地块中，与周围的城市环境相对隔离，形成一个社区。建筑体量由较为均质的方盒子构成，每个盒子 1 ～ 3 层不等，为几个学生共享居住，几个盒子有共享的浴室和花园。方盒子的体量、布局看似随机，实则对于体量之间的关系有着仔细的考量：包括可达性、视线干扰、动线，以及虚实之间的肌理。整个社区内也有较大体量的公共建筑，包括剧场、图书室和运动场地。整个方案用一种均质单一的语言和模式，通过排布模式之间的虚实关系，创造了一系列私密、半私密和公共的空间。这种模式混合了迷宫和中式的合院模式，将其带入伦敦的城市肌理中，是一个比较大胆和戏剧化的尝试。

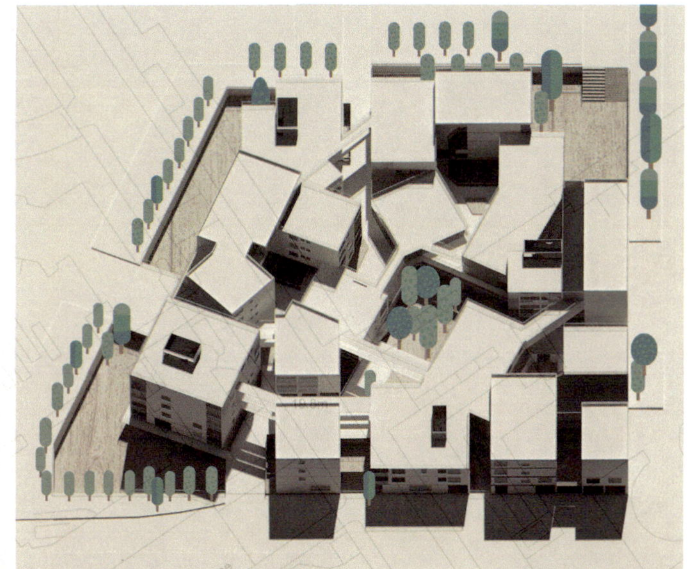

图 8–37　伦敦萨默斯镇的社会住宅
张琬彤，CAFA 2019 级本科建筑，2022—2023 年秋季课题
辅导：何可人

这是伦敦大英图书馆后面的一块空地。萨默斯镇所在的地区在 20 世纪 60 ～ 70 年代曾是集合住宅的试验场，至今还保留着各种类型的具有代表性的住宅项目。这个方案挑战了一种新的都市村落形式，用一系列底面积较小、层数不高的住宅错落布局，在住宅之间形成不规则的交通空间和大小不一的广场，不仅在地面与周围的城市街道连接，屋顶上也相互连通，形成周围邻里居民都能够共享的城市空间。

图 8-38　系统的重叠
杨丰泽，CAFA2020 级本科建筑，2023—2024 年秋季课题
辅导：何可人，彼得·塔戈里，刘焉陈

这个方案选取的地点是巴黎国际大学城最早的一批建筑群，即“一战”之前建造的德国学生宿舍。由于大学城的地下曾经是开挖的采石场，在这群建筑的下方有挖掘形成的迷宫一样的隧道，因此建筑的地下层均有很深的桩基。这个方案不仅要改造现有的一些砖石建筑的内部，形成公共活动空间和学生宿舍，同时也希望改造建筑之间的景观，垂直向下挖掘更多的体量来形成额外的空间。在尽量不改变原有建筑外观的基础上，方案采用了两种不同的系统策略：一种是将原有地下隧道的外观反映到地面上，形成景观的通道；另一种是引入一个看似比较刻板的“十”字形态系统，由内而外容纳额外的居住空间和公共空间，两种外形迥异的秩序与原有的古典对称建筑外观和组合形成鲜明的对比。虽然设计者对于引进新秩序的自我偏好略显武断、整个改造思路显得冗余不够清晰，但是也给旧建筑改造带来了多样化的、具有挑战性的思路，产生了多元的、丰富的空间体验。

8.5 城市更新与场所的潜能：社区、空间与地方

全球人居环境未来的发展趋势变得更加多元化，全球化与地域主义在相互辩证中发展进化。城市更新的大环境也是世界各个城市的现状与未来。因此批判性地看待全球化和地域性的问题，从发达国家的经验和发展中学习，也是国际工作室多年实践的一个很大优势，即在学习和交流的过程中进行比较、分析和反思。十年间，国际工作室的课题遍布世界各地，涉及全球各个大城市，虽然同样面临着城市更新和可持续发展的主题，每个地区由于迥然各异的历史文化、建造技术、人群构成，以及其他种种复杂的因素，带来的设计的挑战具有很大的多样性和动态性，需要设计师抛开从小到大生活的环境和教育所产生的固有观念，深入实地研究讨论并积累生活经验。然而现实中不可能有这种理想化的状态，设计师时常不得不面对无法到现场的情景。以下的案例包括了世界各国学生参与的北京西城区 20 世纪 50 年代和 80 ～ 90 年代建设的老旧小区改造，也有国际工作室学生设计的巴黎城区青年公寓和伦敦 70 年代的联排住宅的改造，以及最新的一届学生终于能够到巴黎实地考察之后，形成的丰富多彩的方案。即使在网络课程上，学生们也通过学习，从不同的角度利用非第一手资料来理解复杂的城市生活和建筑文化，创造出新的形式，这亦不失为一种独特的训练和研究。

未来的建筑师在进行创作的时候都将面临更多的存量改造，而非全新的建造，每个改造设计将带来更加复杂的问题。在越来越复杂的环境下，设计师如何创意性地去解决问题、创造空间，从而改变和影响人们的生活质量？段义孚先生提出人文地理学中的空间与地方（space and place）概念，引发了场所中自然与人文因素相关联的思考，因此挖掘场所的潜力应当是一个创意性的设计过程。2020 年后国际工作室开始在每个设计课题强调所谓的“隐藏的潜能”（latent potential），训练学生挖掘场所的因素，形成自我的场地策略和设计策略。例如，在考虑既有建筑的改造中，建筑之间二维和三维的距离和位置可以产生潜在的公共空间，而周围居民和公共环境的组成亦可以决定未来居住人群的构成。

在设计过程中，设计师固有的观念和对异域文化的理解也有很大的影响。如英国的同学在改造北京 20 世纪 90 年代老旧小区的设计中，希望引入老北京灰砖胡同的空间；来自北欧的同学对于坡屋顶设置和采光方式有不同的理解；中国的同学在伦敦街区的改造中，有时因为想要成就街道的形式而会忽略对一些原有建筑的保护。但无论怎样，基于场地的批判性和创意性的设计、策划，都是回归建筑和城市的可持续性和自然状态的一种态度（图 8-39 ～图 8-47）。

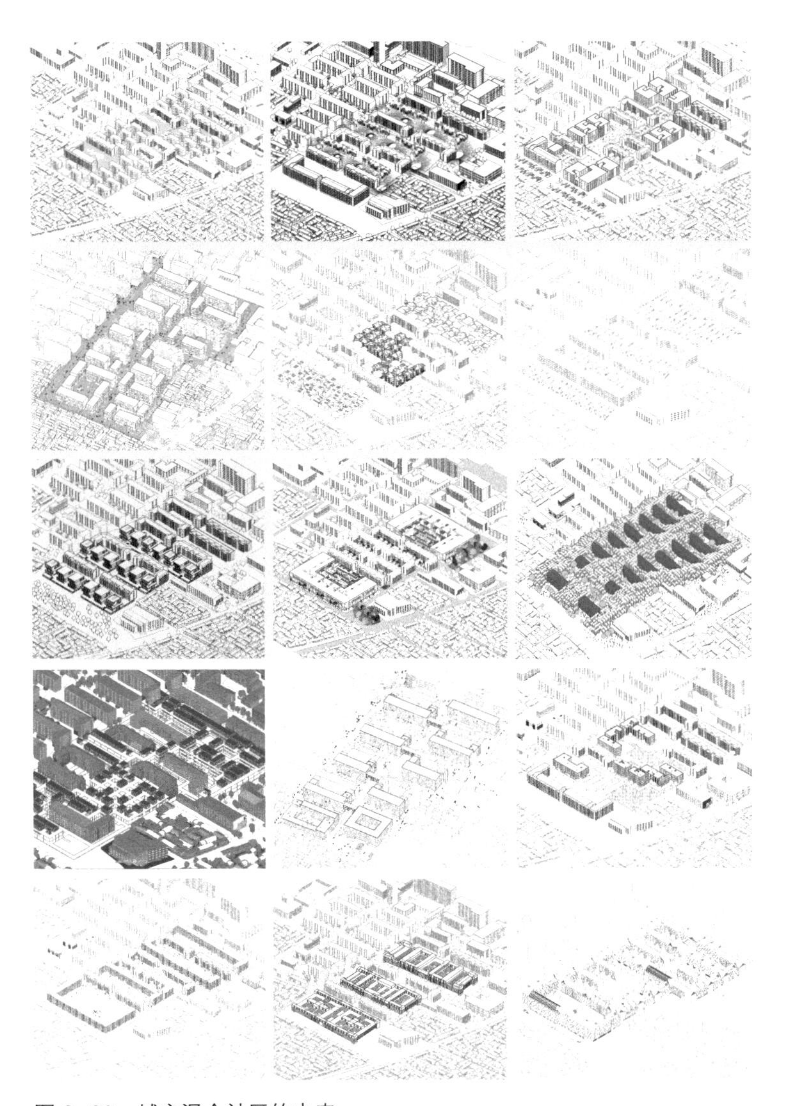

图 8-39　城市混合社区的未来
张雨晴，罗润可，胡佳茵，童羽佳，陈钊铭，陈曦，王丁同，史皓月，谢雨帆，秦家琛，CAFA2014 级本科建筑与城市；高歌，黄鼎翔，Florian Stiegler，Mira Simeonova，Khadar Awil，CAFA 交换生，2017—2018 年秋季课题
辅导：韩涛，何可人，刘斯雍，侯晓蕾

这个学期的总课题是与清华大学建筑学院和清华大学（建筑学院）旭辉控股（集团）有限公司可持续住区联合研究中心（以下简称 CSC）合作的北京“老旧小区更新改造”的一部分，选定的地点是北京西城区 20 世纪 90 年代建成的富国里小区。课题的第一部分是城市调研，第二部分则是每个学生独立的社会住宅设计。为了更具有前瞻性，我们实验性地在增加现有密度的基础上将 1/3 的现状建筑改造成青年公寓，目的是测试未来混合型社区的建成环境会对城市空间、社区生活和人们的行为方式产生哪些影响。来自中央美院以及亚洲和欧洲的交换生各自发展出特有的设计理念和表达。

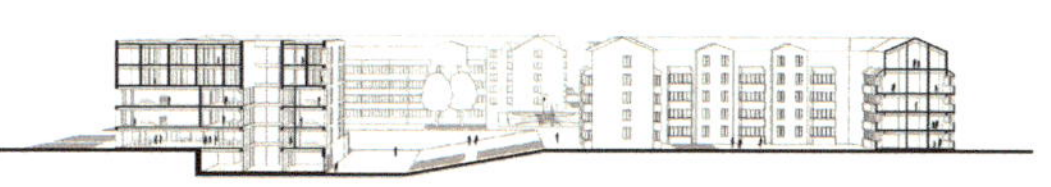

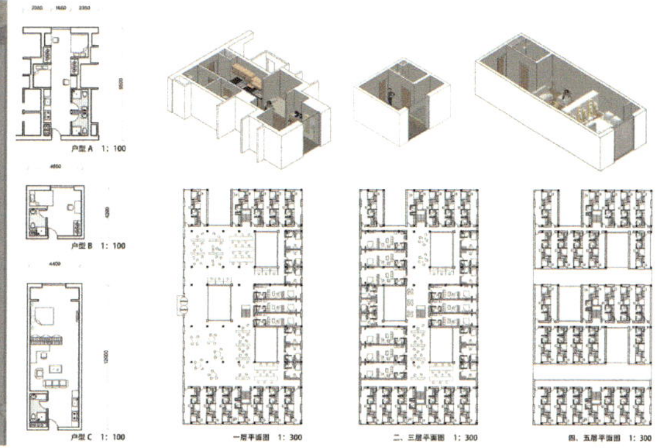

图 8-40 城市混合社区的未来
童羽佳（上），胡佳茵（下），CAFA2014 级本科建筑与城市，2017—2018 年秋季课题
辅导：韩涛，何可人，刘斯雍，侯晓蕾

在北京富国里小区改造设计课题中，这组同学的设计策略是在社区中植入新的建筑类型，多层高密度、大板块或是大区块，与原有的建筑形成对比，产生新的城市关系和不同种类的新型公共空间。这些新的住宅类型本着青年群体居住和公共活动的需求，减弱了常规的私密空间形式，强化了共享与共生的空间理念。将新的形式放置在老的社区中间，无论从形式上还是理念上都将造成不同于常规的影响。

图 8-41 新胡同考古

Signe Pelne，威斯敏斯特大学本科三年级，2017—2018 年秋季课题

辅导：张中琦，何可人

北京西城富国里小区是 20 世纪 80 年代末至 90 年代初建设的典型的多层板楼住宅小区。此方案希望在该场地中重新恢复老北京胡同和四合院的精神，不破坏任何现有结构，在两栋板楼之间像是“考古挖掘”一般，将一组小巷和 1 ～ 2 层住宅系统引入地下层。住宅的平屋顶相互连接形成花园，并且与现状的地面以及住宅入口相贯通。地面之下的小巷道高低起伏，蜿蜒曲折，形成一些愉悦的景观和公共设施，如餐厅、茶室和公共小花园。住宅为老年人和外来务工人员提供居住空间，采用传统的北京灰砖外观。

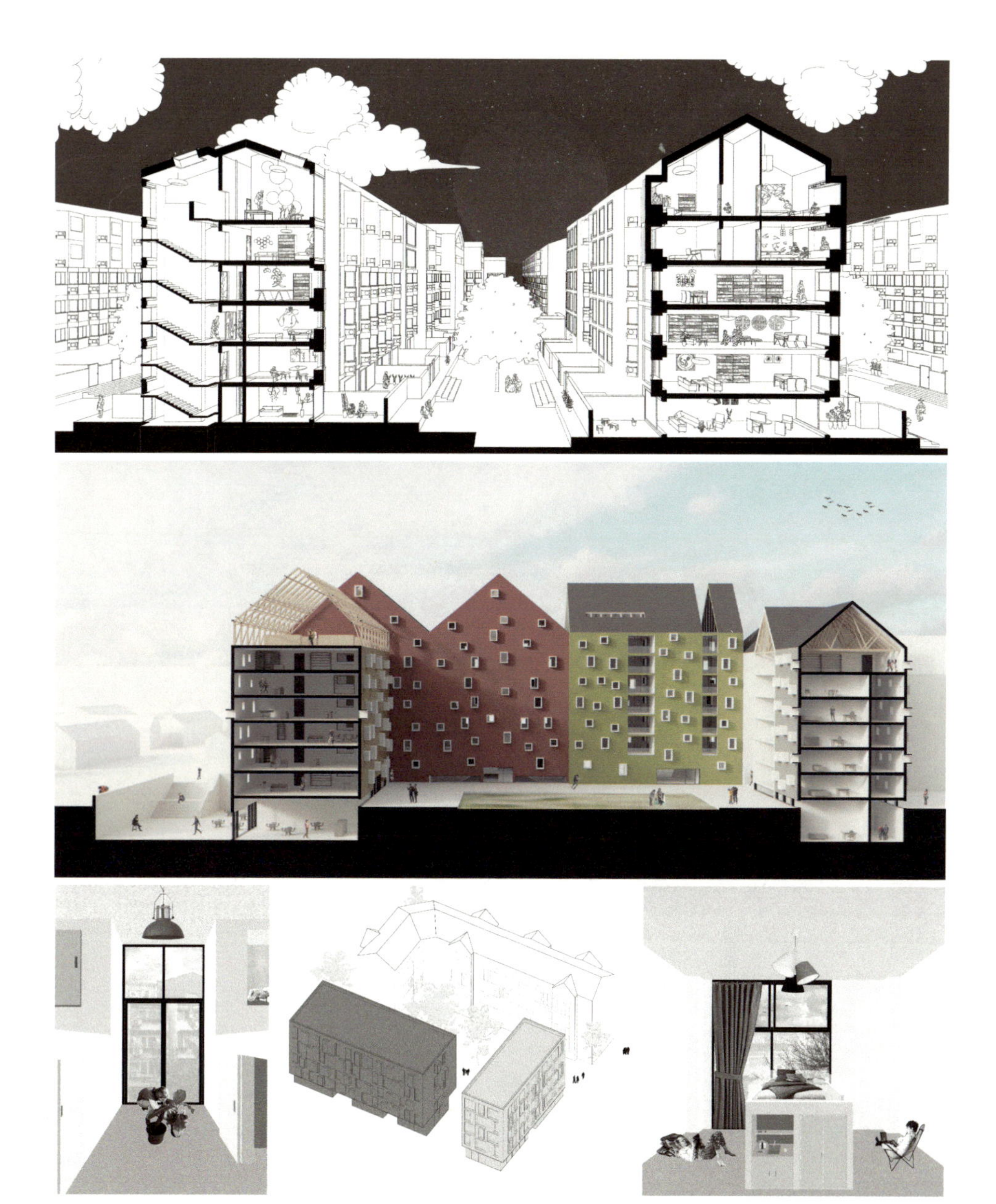

图 8-42 北京富国里住宅改造课题

Kristoffer Gade（上），Khadar Awil（中），Mira Simeonova（下），CAFA 交换生，2017—2018 年秋季课题

辅导：何可人，刘斯雍，戴维·波特

这几组方案分别从不同的角度提出对老旧小区更新的思考。在调研中发现现有住宅的地下室未能被有效地使用，而居民对于公共空间的呼声较高。这几个方案，有的利用现有的地下室，在两栋住宅板楼之间扩展形成新的公共活动空间；有的利用现有的未能正常使用的坡屋顶，改造形成新的共享空间；还有的则利用多出来的一片空地布置新的学生公寓，与旧建筑一起形成围合的庭院。

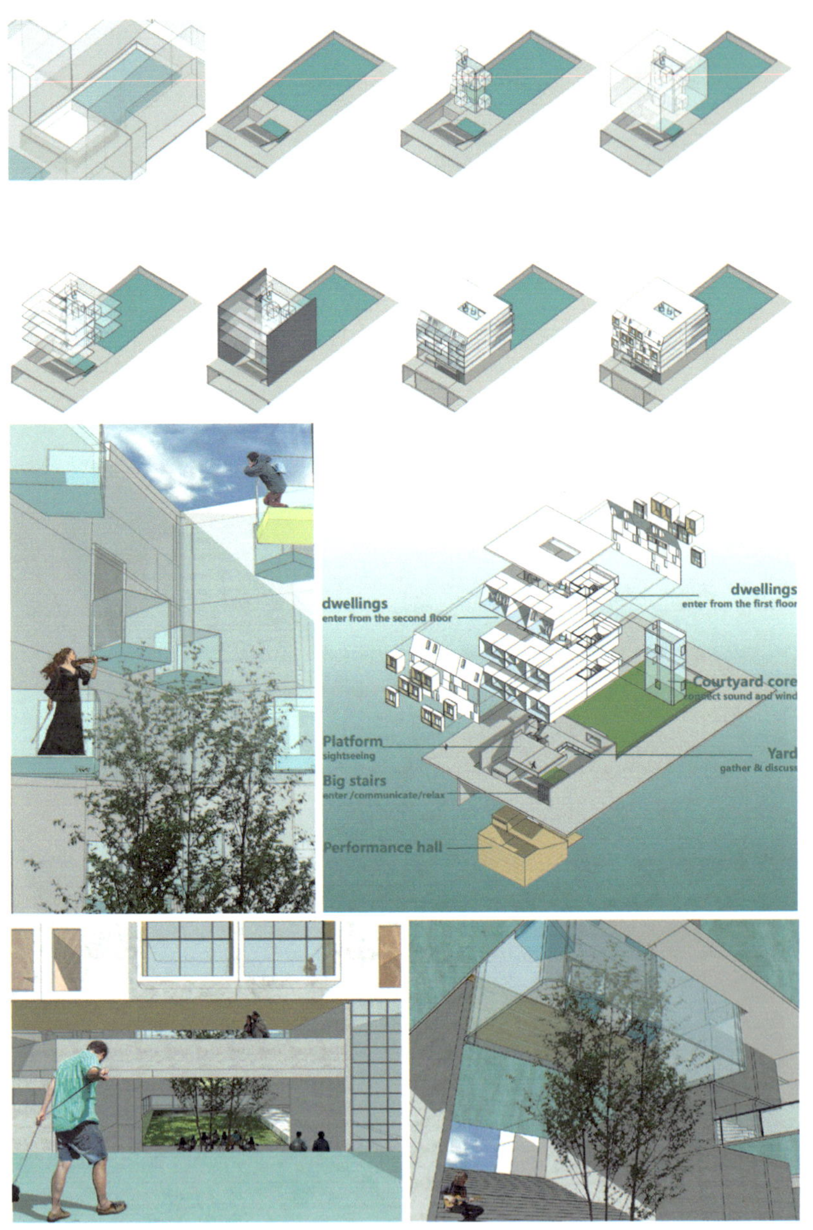

图 8–43　音乐社区
郭欣宇，CAFA2017 级本科建筑，2020—2021 年秋季课题
辅导：彼得 · 塔戈里，刘焉陈

这个方案的场地位于巴黎 19 区的一块狭长空地，场地上的工厂已被拆除，周围有居民区和一个音乐学校。通过挖掘场地潜力，在窄小的地块上塑造多层的、多功能的混合型社区，公共空间包括地下一个小型表演厅，底层架空、可穿通到后面的共享花园，以及通过室外楼梯上达二层的观景平台。三层以上是供音乐学生居住的公寓。中间有个内向型的小天井，居民之间可以进行音乐的沟通与交流。

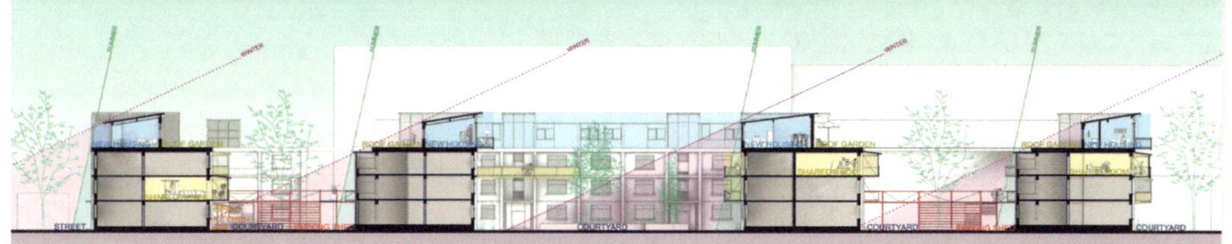

图 8-44　隐藏的百万庄之美
吴雨晴，CAFA2018 级本科建筑，2021—2022 年秋季课题
辅导：何可人，彼得・塔戈里

在北京百万庄住宅小区的改造课题中，这个改造方案受到法国建筑师拉卡顿和瓦萨尔的启发，在不影响日照规范的基础上，在原有的三层上增加一层住宅；并且在尽量不破坏原有建筑的格局的前提下，增加二楼的联系平台，扩大部分用户之间的厨房和楼梯平台部分，形成共享的厨房和阳光活动室。组团内原有的热力站也可被改造成公共活动的设施。新增的顶楼住户人群主要针对周围邻里的年轻教师群体，户型用灵活隔断分隔，以便未来不同住户根据自身需求调整。

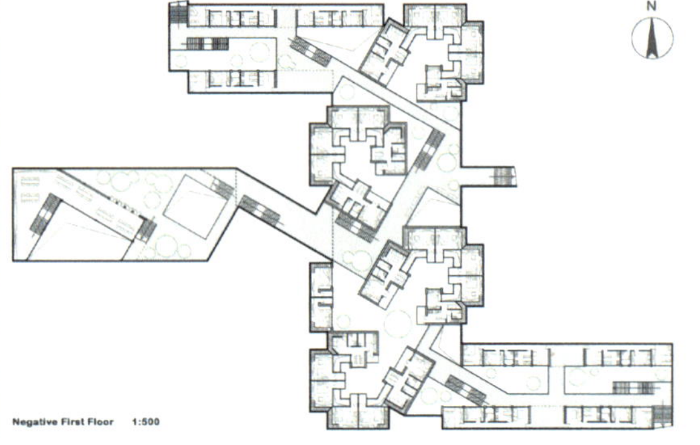

图 8–45　群岛社区
贺宇婷，CAFA2018 级本科建筑，2021—2022 年秋季课题
辅导：何可人，彼得·塔戈里

这个百万庄小区的改造方案保留了所有现状地面建筑，利用组团建筑之间的空隙，创造出一个新的图底关系和建筑语言。利用挖掘地下部分创造出负形的、下沉的、错落有致的庭院和公共空间。新增加的居住单元大约四户一组，如同群岛一般漂浮在组团建筑之中。群岛之间在地面层和负一层均有栈桥和平台相联系。新增的部分具有多孔性，与原有建筑的联系紧密。新的住户由年轻教师和毕业生居住，新与旧的环境和而不同，人群之间也可以通过这种建成环境的关系，共同创造一个混合性的、动态的、具有活力的新社区。

图 8-46　魔方社区
高祯迎，CAFA2019 级本科建筑，2022—2023 年秋季课题
辅导：何可人

这个学期的课题设在伦敦萨默斯镇，地块现有三组 20 世纪 70 年代设计的 L 形 1 层、2 层和 3 层的退台式联排住宅。这个方案为了增加面积，拆除部分第二组住宅，在第一组单层建筑的上方沿着建筑外轮廓增加 2 ～ 3 层的住宅，利用进深形成两排，中间用外廊连接，这样与原有的第三组建筑形成“对话”。在三组建筑围合的小块空地上建造社区的体育设施，利用了地下的部分空间，同时用慢跑道将公共设施与住宅之间的交通空间联系起来。建筑外形的单元表达也回应了现状的立面韵律，暗红色的网格表皮材料也与现状的红砖墙面呼应。

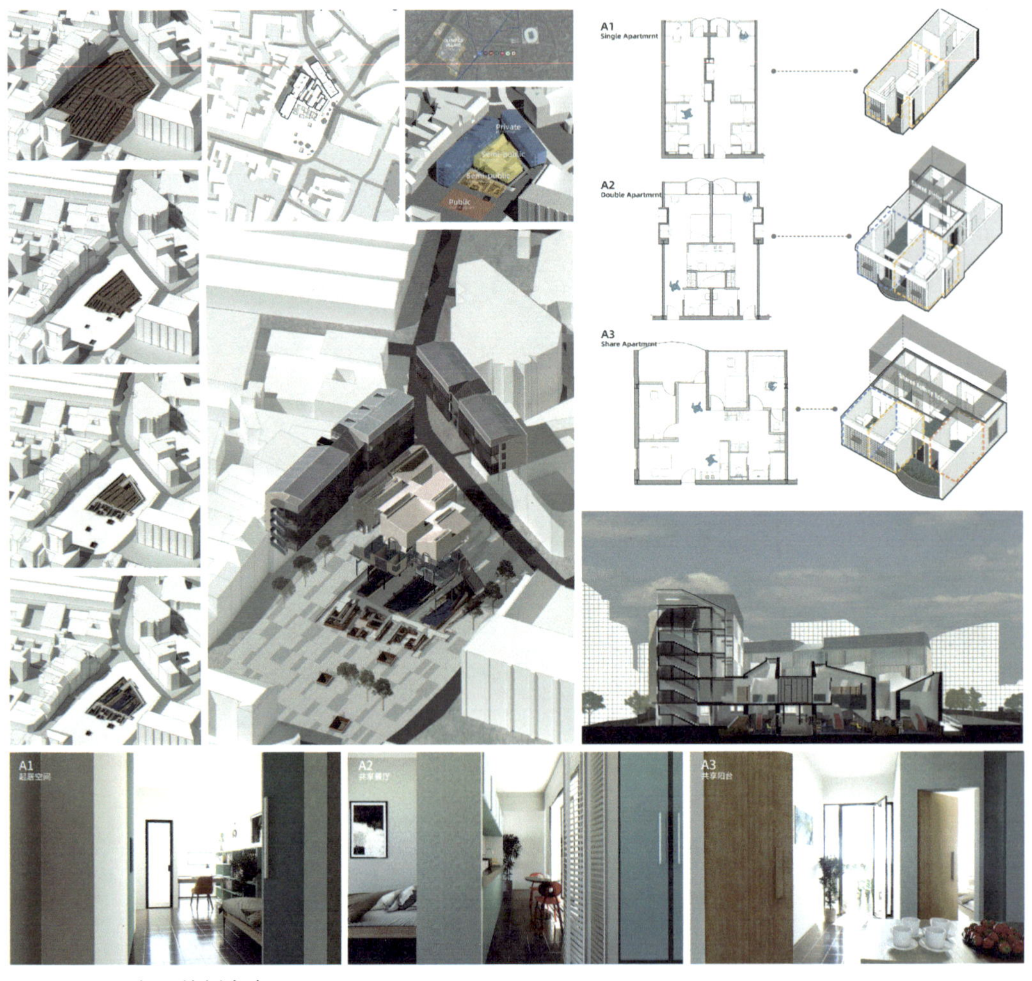

图 8-47　圣但尼的新考古
王露茁，CAFA2020 级本科城市，2023—2024 年秋季课题
辅导：何可人，彼得·塔戈里，刘焉陈

这个方案选取的地点位于巴黎圣但尼中心的环境复杂的空地，近期的考古挖掘发现地下曾有过中世纪市场的遗迹。这块空场在城市中一直作为大众市场存在，是整个城镇的中心，周围有密度较高的居住与公共建筑。面对如此复杂的场地关系，通过研究场所的特性和潜力，既保留了原有的考古遗迹，又保持了公共开放市场的运行，同时增加新的居住和公共空间。整个方案分成几个不同的垂直层面，包括历史遗迹、公共广场、考古学者的实验室和工作空间，还有与城市紧密结合的公寓宿舍。公共、半公共、私密性场所和多功能的空间相融在一起，历史遗迹与公共广场相互交织，既展示了场所的历史，具有文化和教育意义，又能保持城市公共空间的活力，避免了文物式的保护造成的场所功能的单一与僵化。

8.6 自然的主题：城市中的人与自然

在全球城市人居环境的更迭过程中，人们对环境问题越来越关注，在城市日常生活中反思人与自然的关系也开始变得具有普遍性。都市种植、都市农业等概念和技术慢慢开始运用到各种实践的项目中去。在政策层面，世界各地的城市在社区绿化方面也各有不同的应对措施和奖励。如果说1916年纽约城市规划部门出台的分区限定法规是为了在高密度的城市发展中，对城市居民需求自然的“空气和阳光”的基本考虑，那么城市发展到了今天，除却基本的光与空气，人们对于自然环境的考虑，更多地上升到了精神层面。特别是在新冠肺炎疫情期间，人们“常态化”的生活突然停顿下来，公园、树林、花园、农田等“自然”因素突然变成都市人的渴求，小型的家居种植甚至一度成为自给自足的手段。即使疫情过去，与自然户外环境相关联的活动也逐渐成为日常休闲的首选。城市的再度野化（rewilding）也逐渐开始被提及。美国底特律的过度工业化和城市化之后被遗弃的土地，在几十年后重新被自然占领，反过来吸引都市人回到这片土地；德国的德绍则是由于人口减少和低出生率，政府主动采用重新野化的措施，将废弃的土地改造成生产和休闲的自然空间。

在国际工作室历年课题中，学生们也面对着全球城市的巨大改变，形成一些新的关于人与自然的思考。如反思传统的农业与新的都市居住的关系，在城市的社会住宅集合体中融合尽可能多的立体种植，将城市废弃的工厂改造成都市农业的基地，使居住与农业展示共同形成一道独特的风景（图8–48～图8–53）。

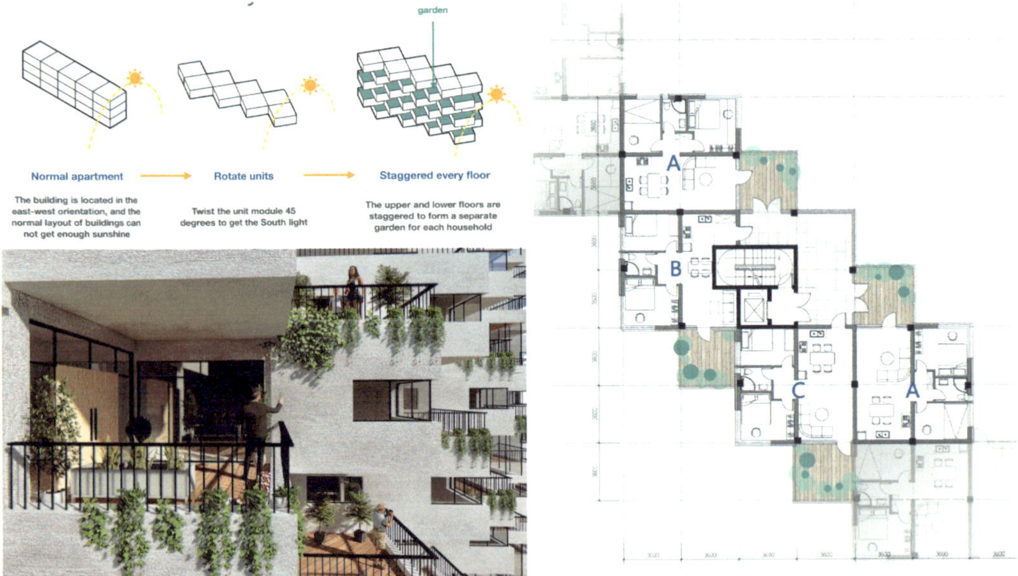

图 8-48　自然的社区
邱翔，CAFA2017 级本科建筑，2020—2021 年秋季课题
辅导：何可人，彼得・塔戈里

这个方案是在原有的北京三源里菜市场上方，沿着线形在市场之上增加一排新的公寓。与一般板楼不同，方案将每个居住单元扭转 45°，给予每户居民一个 3.6m×3.6m 的独立花园。单元每层叠加错落布局，各户居民在自己的花园之中可以相互看到并交流。同时利用地下层重新布局，将日常生活的菜市场与休闲的小区绿化结合在一起。

图 8-49　M 形路径
雷宏才，CAFA2017 级本科建筑，2020—2021 年秋季课题
辅导：何可人，彼得·塔戈里

在北京三源里社区改造课题中，这个方案用参数化生成方式分解各个住宅单元之间的空间模数，产生错落层叠的复杂关系。所有居住单元都用预制构件建造。在这几乎机械性的重复的单元之间，创造了一系列立体的共享空间，这既是各层单元之间的连接体，又利用了剩余的空间做大量的绿化和种植，形成一个立体的住宅 / 花园综合体。

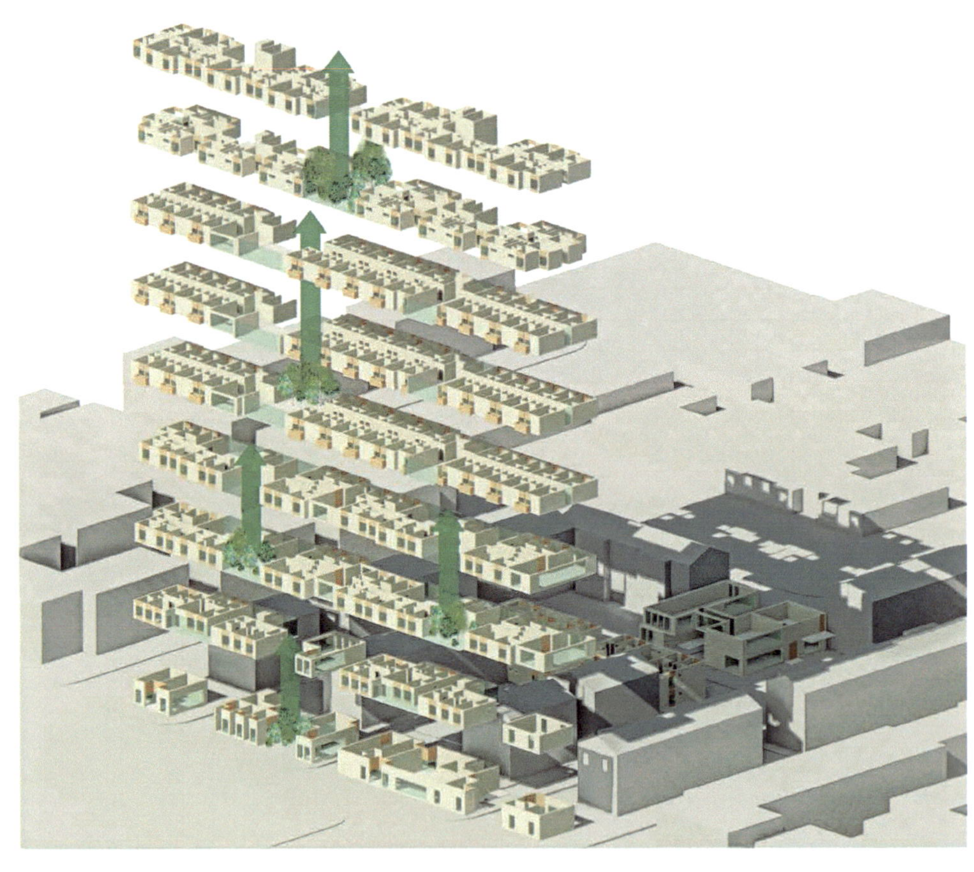

图 8-50　重叠的花园
胡杨，CAFA2018 级本科建筑，2021—2022 年秋季课题
辅导：何可人，彼得·塔戈里

这个方案在北京西城区百万庄小区的边缘，在不影响日照的情况下设计了东西朝向的中高层板楼，为了更好地与社区连接，下面两层架空以便通行。上层居住部分做成重叠的花园，每层由不同的户型构成，大小不一的通高空间每隔 2 ～ 3 层贯通在楼层中，形成空中的重叠花园。由于建筑是东西向，对于植被生长有益。既可形成各楼层间的自然小气候，也可成为城市街道界面的一道风景。

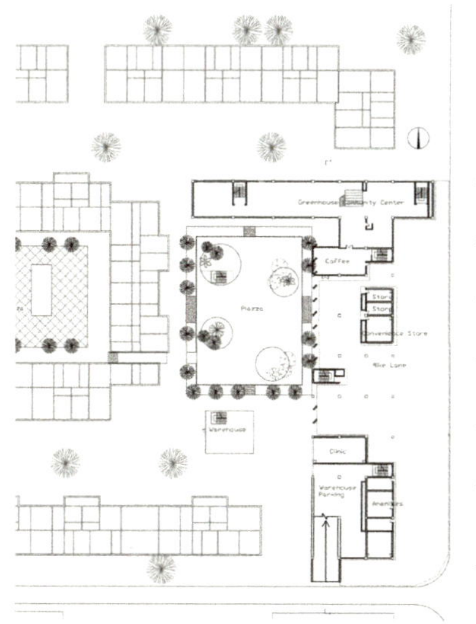

图 8-51　绿色社区中心
李嘉玥，CAFA2018 级本科建筑，2021—2022 年秋季课题
辅导：何可人，彼得·塔戈里

这个方案将北京西城区百万庄小区东侧的一栋现状的办公楼改造成宿舍，底层架空，连接东侧的道路和住宅西侧的下沉广场，打破小区与城市周围的边界。在宿舍楼北侧新增一栋多层的“绿色的社区中心”，与宿舍的每层相连，成为新居民乃至整个社区居民的“四季客厅”，其中包括咖啡厅、小剧场、花园、共享厨房、健身房和共享办公室等功能空间。

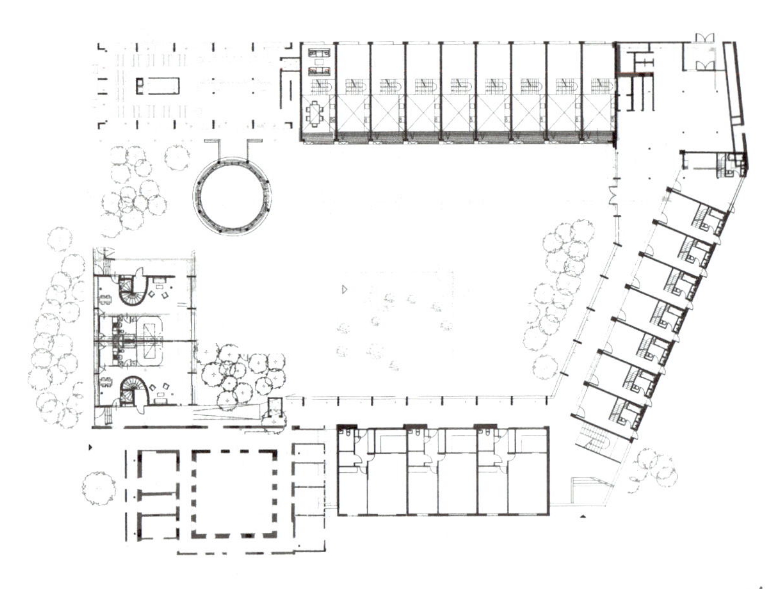

图 8-52 记忆花园
何知源，CAFA2019 级本科建筑，2022—2023 年秋季课题
辅导：何可人

这个课题选址位于伦敦萨默斯镇的大英图书馆北侧和生物研究所之间的一小块空地上。现状的空地是周围居民日常交流和种植一些日常农作物的临时场所，场地上还有一个小的圆形储藏空间和简单的花房，整个场地被称为“记忆花园”。这个方案尽量保留这块花园的现状和植被，改造圆形的小构筑物作为邻里记忆的展示空间。新增的住宅围绕在场地附近，在体量上与两侧庞大的公共建筑形成对比，但是在语言和形态上与周围住宅保持协调一致。新的围合综合体在西侧、东北角和东南角都开放并与周围街道相连，除了住宅之外，还设有零售、办公、展览和聚会的空间。

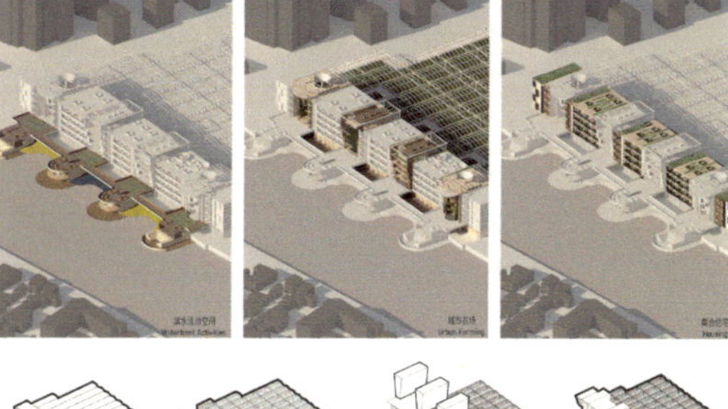

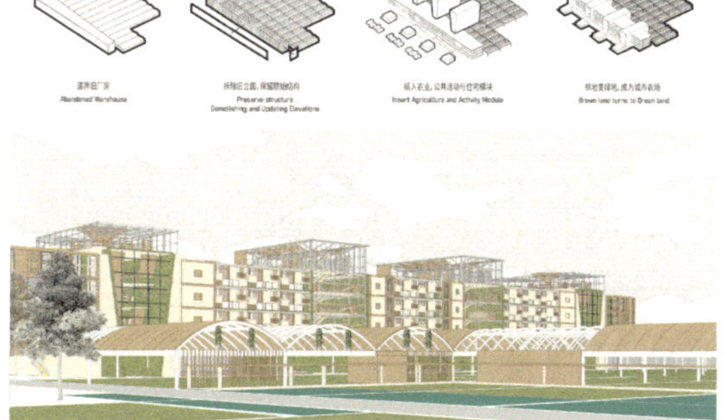

图 8-53　塞纳河边的都市农场
郝奕昕，CAFA2020 级本科建筑，2023—2024 年秋季课题
辅导：何可人，彼得·塔戈里，刘焉陈

这个位于巴黎的方案选择了改造圣但尼地区在塞纳河右岸的一大片废弃厂房。旧厂房沿河的部分改造成住宅以及公共活动的综合体设施，而大部分厂房则可改造成大规模的城市农场。这个大型的综合体包括滨水休闲活动空间和垂直农业，以及穿插其中的住宅部分。住宅模块依据旧厂房的框架，由于进深很大，适合改造成有跃层的公寓；住宅模块之间是以农业为主题的休闲活动空间，可容纳观光、教育、休闲、实验、展示、娱乐等多种功能和形态；而滨水的休闲空间以及码头可成为著名的塞纳河景观的一部分，为整个大巴黎地区服务。整个综合体规模很大、功能清晰、策略明确、形态简洁，非常具有实操性和示范性，紧密契合当今城市改造更新中突出绿色环保的整体策略。

8.7 居住的诗意：科学、艺术与集体记忆

当今全世界的城市面对的居住问题，不仅是需要建设足够的地方供人居住，还需要应对一系列新的全球性挑战：战争与瘟疫、气候的变化、经济危机、人群的迁徙与移动等，还有更深层次的意识形态、宗教、种族和地域文化的分歧带来贸易壁垒、军事冲突、战争和难民问题。在这个动荡与诸多不确定因素充盈的时代，我们将如何在这个地球上继续生存和居住？人与人，人与群体，人与自然之间应当如何相处下去？

哲学家海德格尔曾声称人类最真实的存在便是居住（dwell）：“我们人类在大地上存在的方式，就是建造，就是居住。”而中国传统历来对于“诗意的栖居”有着终极的梦想。这种梦想不仅限于文人和士大夫，更可以上升到“安得广厦千万间，大庇天下寒士俱欢颜”的境界。英国建筑师史密斯夫妇曾提到“居住的艺术”（Art of Inhabitation），他们认为作为建筑师，我们设计了居所，开启了游戏，然后传递到居住者手中（图 8-54~ 图 8-59）。

那么，我们这个时代的“居住的诗意”是什么？

用这个终极的话题来做总结，体现了 CAFA 国际工作室在十年的教学和研究过程中的探索和目标。通过多年不同的课题产生的不同的成果，我们也一直持续不断地、批判性地反思着“居住的诗意”的问题，我们认为“居住的诗意”在当今更多地意味着：

第一，坚持居住是人类的基本权利；

第二，在新的环境下批判性地重新审视人与自然的关系；

第三，在时代变迁中反思社区的个体记忆与集体记忆的重要性；

第四，辩证地、批判性地看待新技术带来的生活方式的改变。

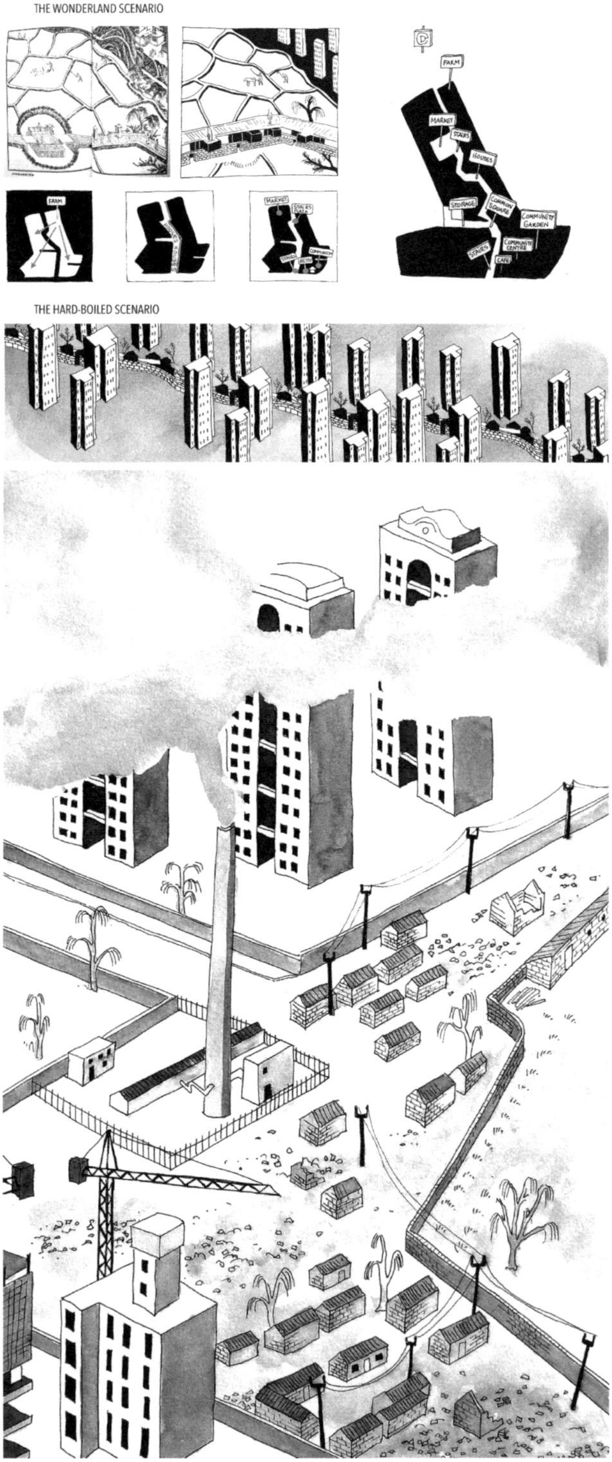
THE WONDERLAND SCENARIO
FARM
MARKET
STAIRS
HOUSES
STORAGE
CAFE
THE HARD-BOILED SCENARIO

图 8–54　线的记忆
Chloe Lambermont，CAFA 交换生，2015—2016 年秋季课题
辅导：何可人，戴维·波特，刘斯雍

这个方案源于北京丰台区一片城中村拆除后留下的一条痕迹，即原有村中的主要道路。这条特殊的“线”曾经是这片场地的一个重要的元素，无论是在曾经的农耕生活中，还是在未来林立的高楼大厦丛林中，都是保留着记忆和历史的载体。沿着这条线，甚至保留现有的两侧围挡砖墙，设计一系列居住的单元，居住的单元之间是多种多样的、立体的连接要素：廊道、桥梁、平台和通道。这条“线”不仅串联着世俗的生活，也连接着过往和未来。站在墙头上看去，周围是林立的高楼大厦抑或广阔的田园，都是城市的诗意与风景。这个方案的成果或许更多表达的是对城市景观的隐喻和批判性的态度。

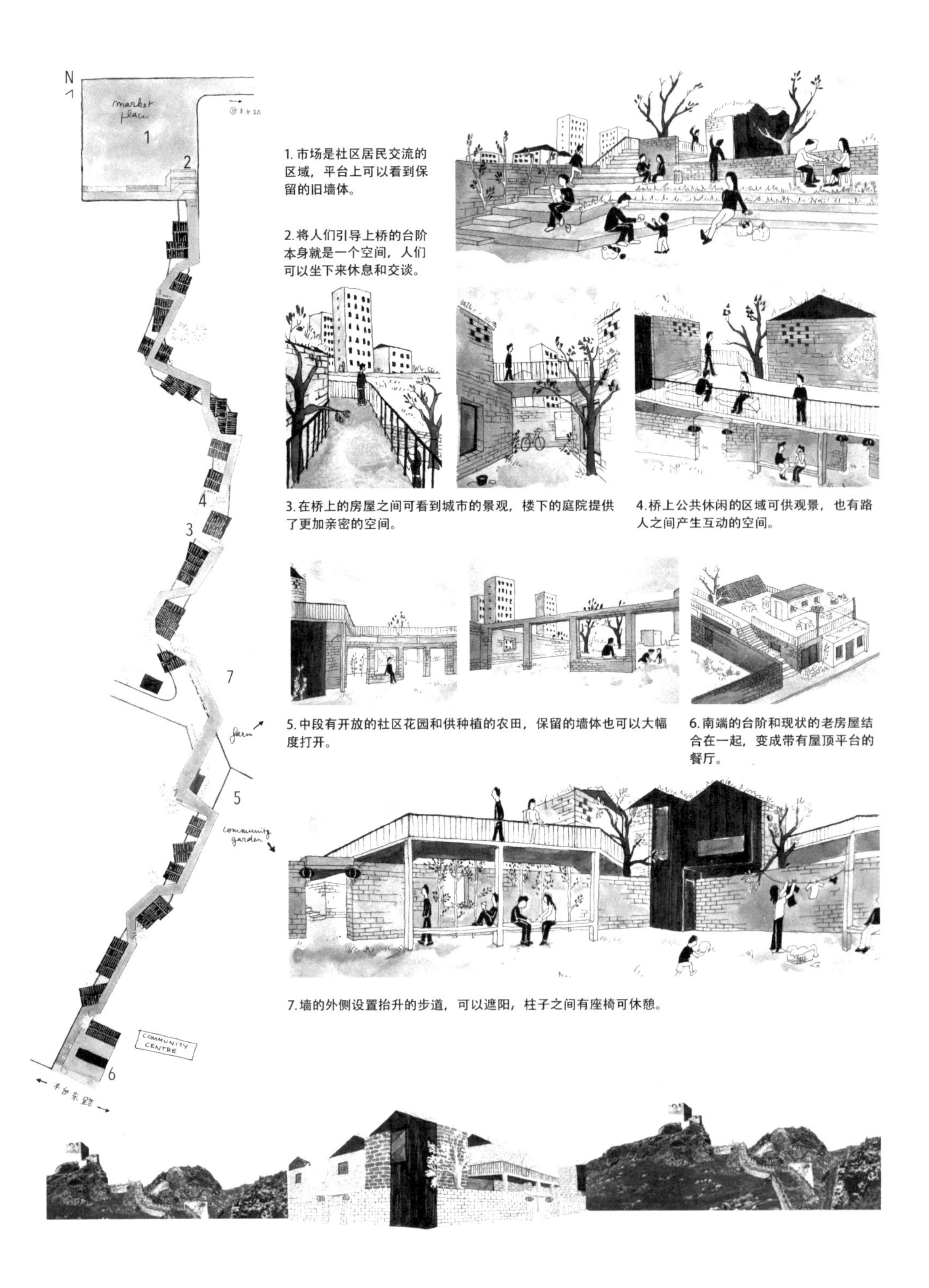

1. 市场是社区居民交流的区域，平台上可以看到保留的旧墙体。

2. 将人们引导上桥的台阶本身就是一个空间，人们可以坐下来休息和交谈。

3. 在桥上的房屋之间可看到城市的景观，楼下的庭院提供了更加亲密的空间。

4. 桥上公共休闲的区域可供观景，也有路人之间产生互动的空间。

5. 中段有开放的社区花园和供种植的农田，保留的墙体也可以大幅度打开。

6. 南端的台阶和现状的老房屋结合在一起，变成带有屋顶平台的餐厅。

7. 墙的外侧设置抬升的步道，可以遮阳，柱子之间有座椅可休憩。

HOUSE A

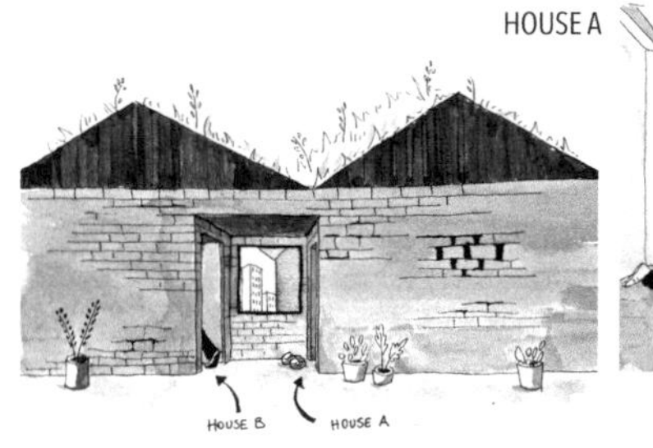

1. 有遮挡的入口通向两户住宅，B栋楼后面有视窗。

2&3. 入口楼上的场景，金属结构层被花园和庭院景观分开。面向街道的窗户用砖砌图案，允许光线进入，但可阻隔外部的视线。

1ST FLOOR N< 0 1m

一层平面图

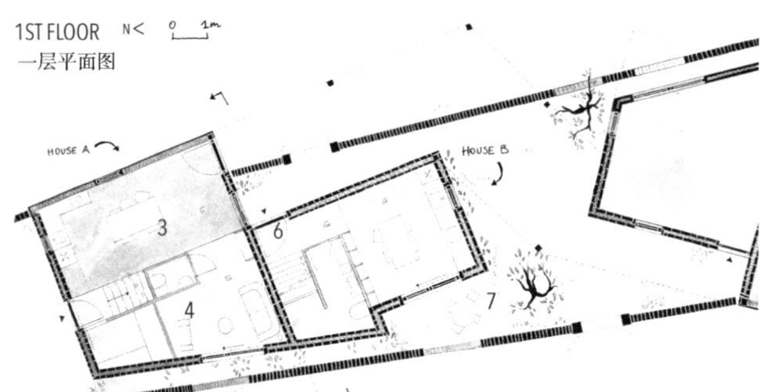

4. 砖墙洞口镶嵌黑色窗框，面向花园。

HOUSE B

2ND FLOOR N< 0 1m

二层平面图

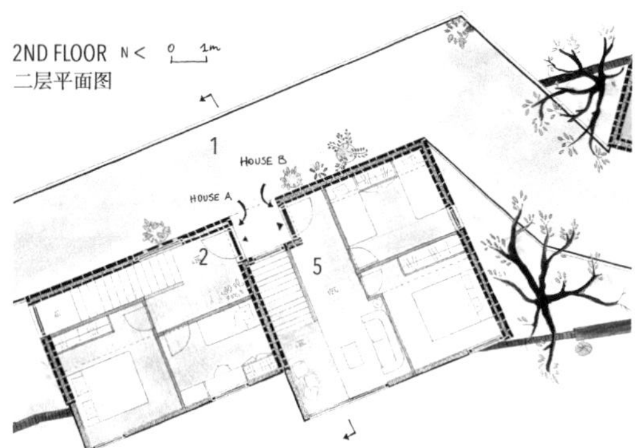

5&6. 入口和楼上的视线直接面向室外的城市景观。

SECTION 0 1m

剖面图

7. 底层在房屋之间另有一个庭院，墙体遮住一半的高度。

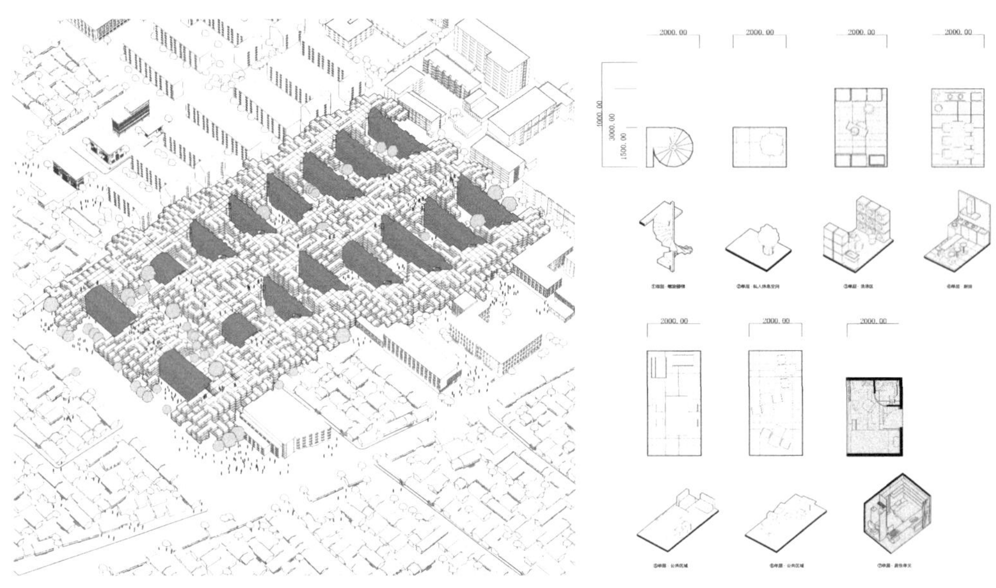

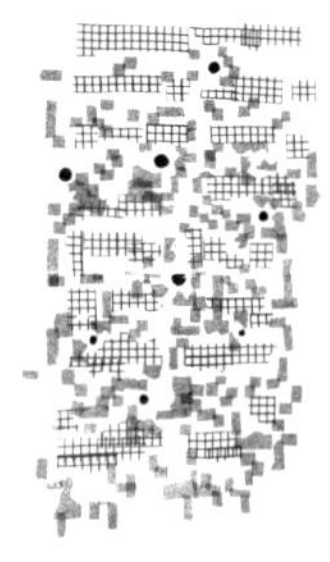

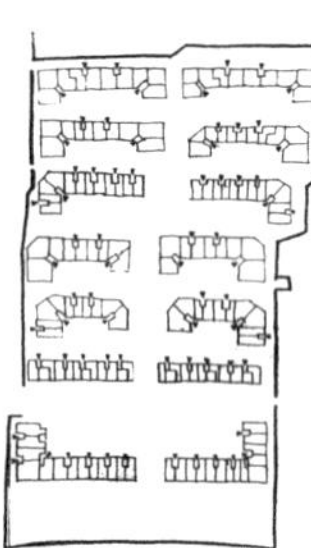

旧空间的封闭性

原单元楼呈现为单向连通的空间结构，公共空间与家庭之间缺乏过渡以及多向连接。

新旧关系

新的单元与旧的单元的置换必不是一蹴而就的，而是呈现为一种线性的更迭过程，新的高密度族群会与旧的块状空间同时存在，并将其如液体一般包围渗透。

而旧的空间也应当成为被侵蚀的框架，成为支撑新空间的文本，其痕迹也将得到保留。

突破口

楼梯间是串联所有旧单元的交通核，通过直接作用于节点的改造与串联，使得新体系与旧体系的充分交织融合出现可能性。

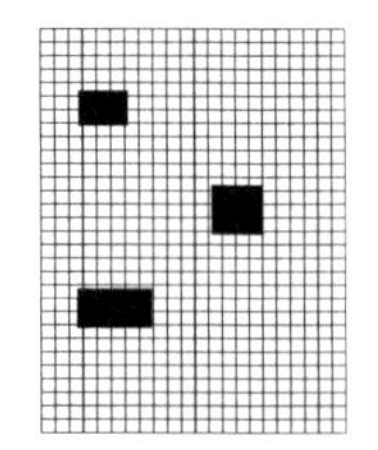

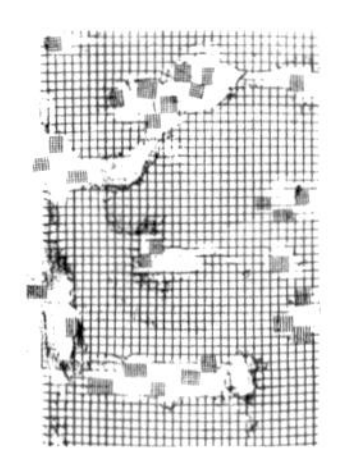

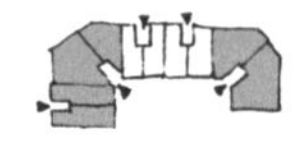

旧空间的静滞性

旧空间呈现为一种标准网格下的、互相独立的物体，且缺乏交错与围合。

突破网格

以新的群体、个人为单位的住户的涌入在时间上来说是必然的，从另一方面来说，早已开始了迭代。

那么，适合新生代的高密度组团必将与旧空间发生激烈碰撞。

更迭序列

老单元楼的东西朝向房间无法完全满足老年原住民对白天的采光需求，必将是首先被出租改造的单元。

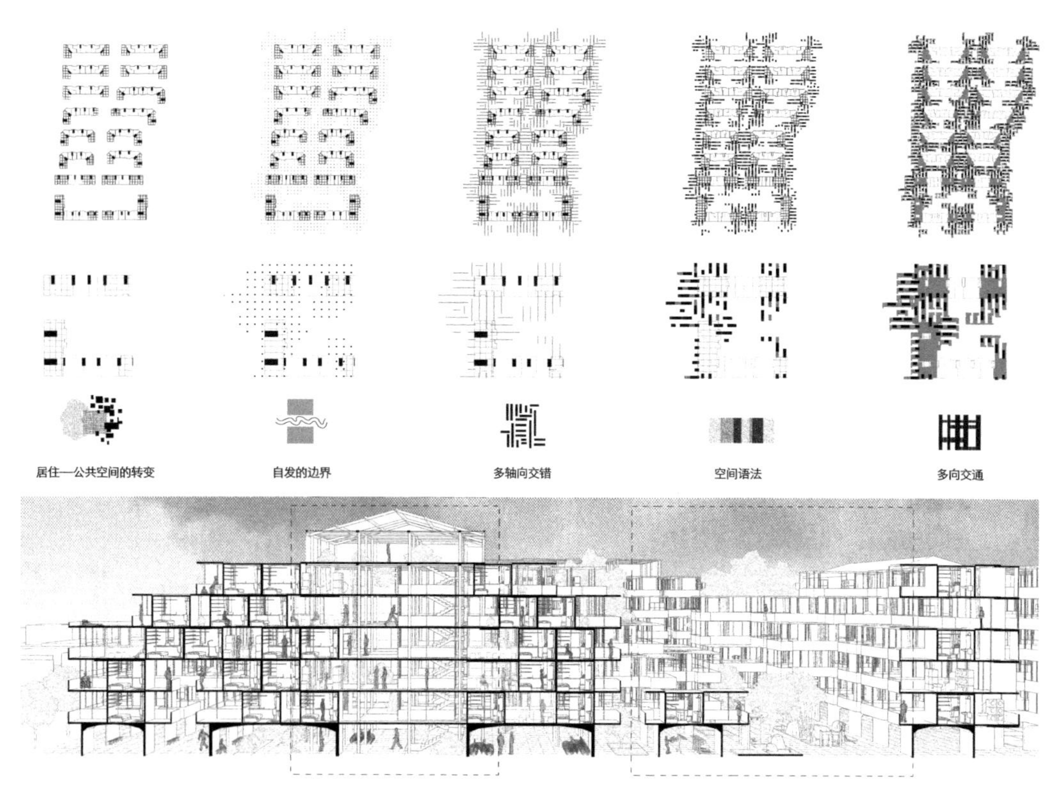

图 8–55　比特侵蚀
谢雨帆，CAFA2014 级本科建筑，2017—2018 年秋季课题
辅导：韩涛，何可人，刘斯雍，侯晓蕾

这个课题是更新改造北京西城区富国里小区的至少 1/3 的面积，并置换植入高密度的青年住宅。这个方案用数字化的概念：比特，来形容最小的基本单元，设计师希望用“侵蚀”的方式来逐渐突破原有社区空间的封闭和静态。以现状的楼梯间作为突破点，逐渐用模数化的预制单元，以转变轴向、空间句法的方式慢慢“侵蚀”进原有的建筑。单元模数以 2m 为宽度，1.5~4m 的进深代表了不同的居住单元或公共空间。这个方案虽然有很大的不现实性，但也尝试了利用数字技术提供新算法的可能性。

Section
L
M
S

图 8–56　富国里的新形态
Florian Stiegler，CAFA 交换生，2017—2018 年秋季课题
辅导：何可人，刘斯雍

北京富国里小区的这个改造设计通过打开现状的半地下室，容纳新的多种多样的公共共享空间，增加了原来封闭的板楼之间的对话。新设计的青年公寓与原有的住宅楼围合成小型的组团，中间的围合组团花园与小区外部也产生多方的联系。这位来自德国的交换生虽然用很实际的手法，在传统的北京住宅小区创造出一个具有可行性的、非常理性的方案，但是它的语言和表现方式却带有一种东方的诗意感，一种“举重若轻”的设计感，具有很强的说服力。

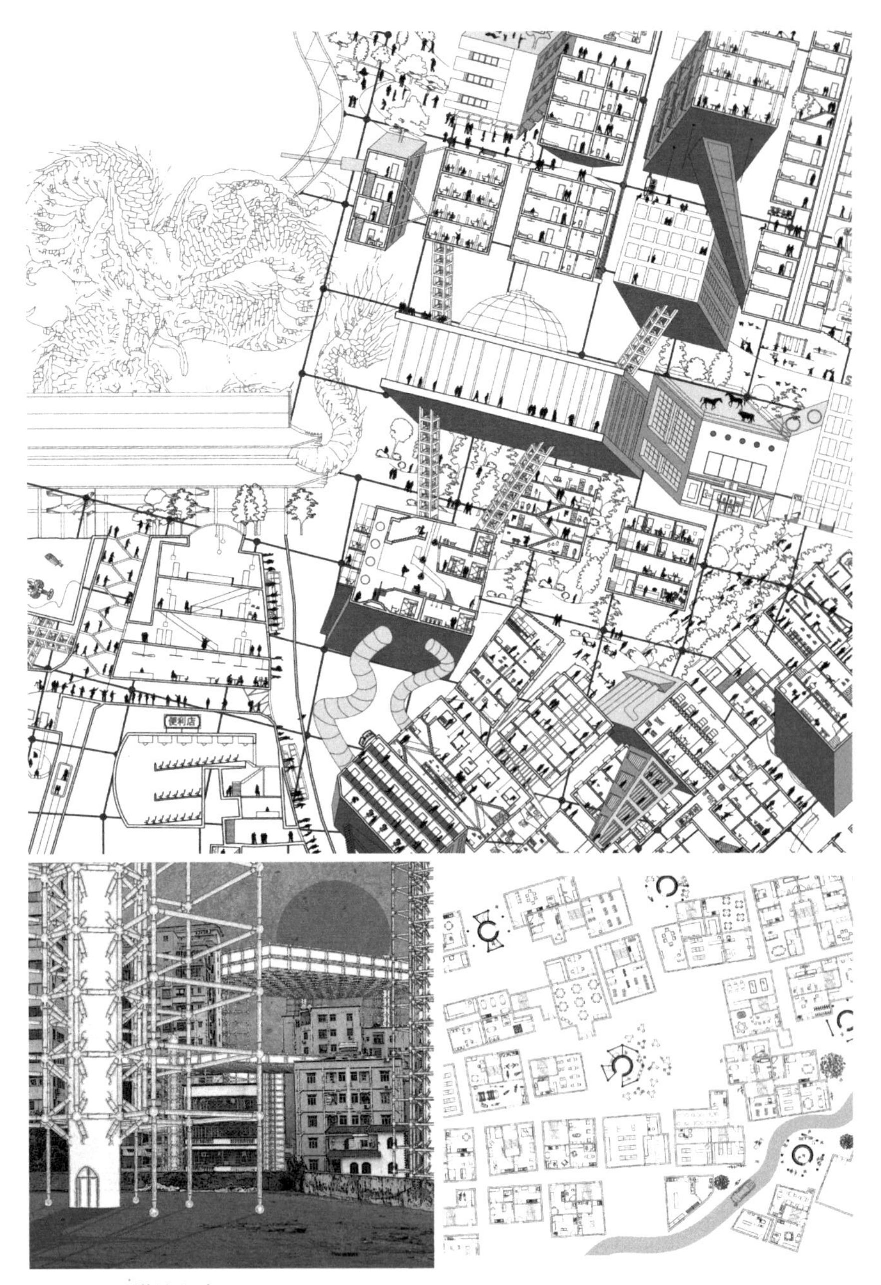

图 8-57 描绘宝安
Dominik Leitner，Moritz Widmer，Julian Kersting，CAFA 交换生，2019—2020 年秋季课题
辅导：王子耕，何可人

这是为 2019 年深圳建筑城市双年展宝安展区（以下简称“宝安展区”）做的展示与设计构想。这个小组用乌托邦的方式描绘了宝安城中村的现状及想象，在展览之后又构想了在城中村建立如日本新陈代谢派的巨构型城市的图景。

图 8-58　转换宝安
Felix Fagernes，Jacob Lagerberg，Julia Plapper，
CAFA 交换生，2019—2020 年秋季课题
辅导：王子耕，何可人

这个小组的宝安展区方案用变形的多点透视来描绘现状的城中村，将画幅一分为二，采用上下颠倒和正负形对照的手法，现状的建筑为负形，充满了所有现场采集的元素，如人群、门窗、街道、标识、日常器具等；颠倒的正形是想象中的深圳的高楼大厦，两者产生强烈的对比。这个展示从一个独特的角度来反映日常城市生活，同时用批判性的态度表达了城市发展过程中城市肌理、文化历史、日常人群和个体和集体记忆的变迁。

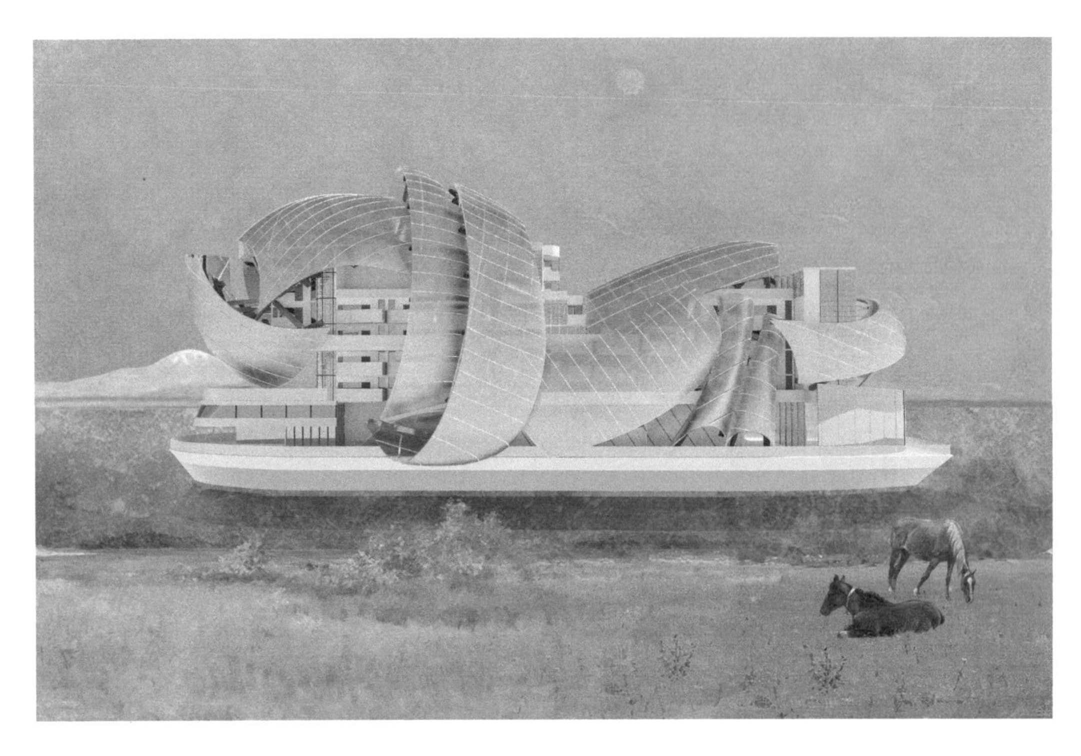

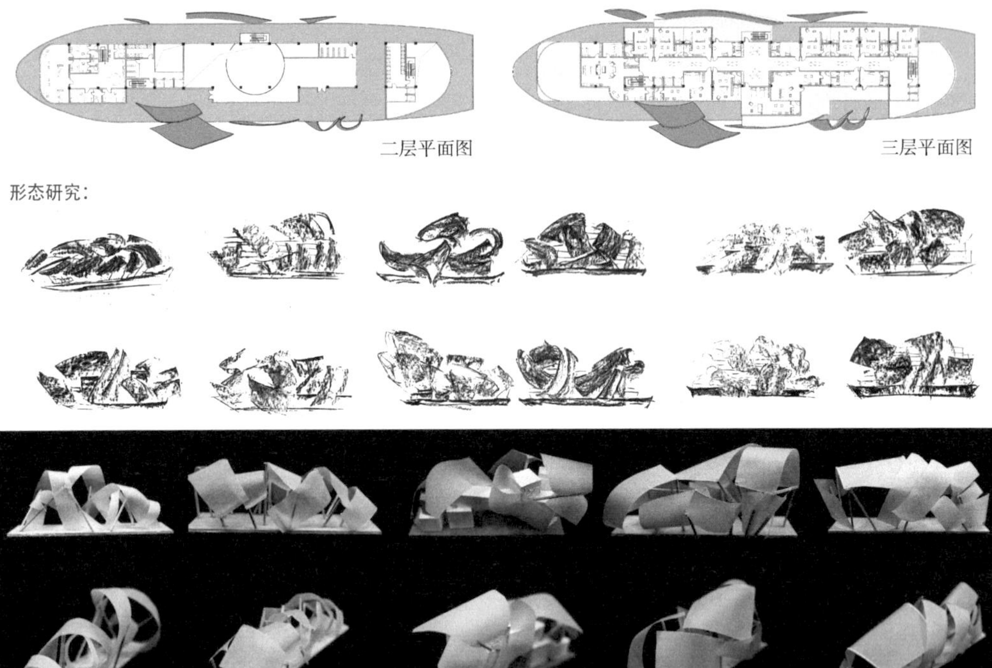
二层平面图
三层平面图
形态研究：

图 8-59 塞纳河上的船博物馆
殷若曦，CAFA2020 级本科建筑，2023—2024 年秋季课题
辅导：何可人，彼得・塔戈里，刘焉陈

这个方案受弗兰克・盖里（Frank Gehry）在巴黎设计的路易威登基金会建筑的启发，从外观上做了很多探讨，并且大胆地尝试了盖里没有完成的想法，将“船”+“博物馆”+“游学公寓”的邮轮杂合体放置到了塞纳河上。方案的原意是做一个可移动的水上奥运主题博物馆，并且能够满足短期游学的青年学子临时居住的需求。这个“船博物馆”平时停泊在圣但尼的码头，甚至可以通勤，每天从早到晚在塞纳河游走。这个想法虽然不切实际（甚至没有考虑船的外形是否能够通过桥洞），缺乏一些原创性，但是也提供了一种动态的、浪漫的、游牧性的，不受地域文化限制的新的建筑形式。这个方案同时能够引发我们的一些思考：在未来的数字化信息时代，在各种不确定因素的影响下，这是否也属于人类的一种理想化的居住和存在形式呢?

（何可人　撰写）

编后记

本书的大部分内容是基于CAFA国际工作室的教学和研究课题。前面的内容基本上已经概括了工作室的来龙去脉，这里再简单介绍一下导师和相关人士参与的过程，相当于大事记。

最早可追溯到2013年10月，美院建院的何可人和王威老师带着一组研究生在丹麦奥胡斯建筑学院与该学院师生联合做一个城市调研的课题，在联合教学过程中我们感觉到央美需要一个对应的工作室来与欧洲的学校交流，于是便计划了建立国际工作室一事，回国后与当时的学院院长吕品晶教授和负责教学的副院长程启明教授商量。这时候央美在秋季学期招收的国外交换生数量猛增，正好缺乏相应的课程，于是两位教授马上同意了我们的请求，并且提出要求：不仅只辅导外国的交换生，还要将工作室课题融入整体的课程体系中。何可人老师便开始在2014年秋季拟定了一个20周的城市调研和住宅设计的课题，邀请了刘斯雍和王威老师共同参与，第一次召集了2011级大四的6名本科生和来自德国、瑞士和奥地利的5名交换生，开始尝试新的课题。最终的效果出乎意料地令人满意，同时在侯晓蕾老师的协助下，参加了2014年北京设计周在前门西河沿的展览。

从2015年起我们在课程中开始融入与国外大学的联合性课题合作，主要的合作伙伴就是英国威斯敏斯特大学建筑系DS（3）7工作室，帮助缔结这个关系的重要成员是戴维·波特教授。

波特教授是来自伦敦的建筑师和建筑教育家，他毕业于伦敦城市大学的巴特利特建筑学院，自20世纪60年代起在英国实践了很多住宅项目，同时开始在建筑学校任教，在世界各地都有过丰富的从教经验。他在退休前担任英国格拉斯哥美术学院麦金托什建筑学院的院长，退休后接受时任美建院院长的吕品晶教授的邀请，2013—2019年被聘请为央美的特聘教授。他参与央美建院国际工作室的课程，同时也被聘请为威斯敏斯特大学建筑系的客座教授，还

何可人与评图嘉宾佩尔·奥拉夫和卡尔－奥托教授给学生讲解

美院上课时间，刘斯雍老师和韩涛老师在听学生汇报

2017年秋季学期国际工作室在美院的中期评图

兼任伦敦建筑联盟的校监会主席。可以说是央美与英国各个学校交流与联系的桥梁。

在这种全球视野下，城市更新和社会保障性住宅便成为我们国际工作室的主要课题。何可人老师负责编制课题，并且招募了一支优秀的教师团队，有建筑设计方向的韩涛和刘斯雍，以及风景园林专业的侯晓蕾（王威由于教辅身份不再直接参与教学）。2015—2020年，每年的秋季学期我们工作室和威斯敏斯特大学的DS（3）7工作室都在一起做北京的课题，威斯敏斯特的年轻教师张中琦带着英国的8～10名学生来到央美，与中国师生共同学习工作8周，这个联合课题还得到中国教育基金委的短期留学奖学金资助。每年春季学期则是央美的老师带着学生去伦敦学习和工作4～8周，共同合作伦敦的社会住宅课题。国际工作室在这段时间教学氛围很具有主导性，尤其在央美的秋季学期，参与国际工作室的学生除了央美自己的本科生和研究生，还包括世界各地来的学生，最高峰的时候可达40人，数量几乎匹敌本科一个年级学生的一半。秋季学期的20周一般会组织3～4次的评图，会邀请学术和实践领域的中外知名人士来参加（参见附录）。

2017年秋季，工作室通过CSC刘晓征老师的介绍，与清华大学程晓青老师带领的团队一起合作参与了CSC的老旧小区改造科研课题的子课题：富国里小区更新改造。CAFA国际工作室和清华大学建筑学院一起策划社区公众参与活动，一起评图、展览与交流。

2018年秋季，经北京丹麦文化中心的刁文克（Erik Messerschmidt）主任的介绍，工作室与丹麦皇家艺术学院合作了“北京—哥本哈根城市对话的项目”，学生的视频成果参与了2018年北京设计周在798艺术区的丹麦文化中心的展览。

2019年美院王子耕老师参与进来，带着十几名同学参加了2019年深圳双年展的宝安分展，三组同学绘制了关于宝安城中村的墙画。

2019年在刘斯雍老师的策划下，国际工作室的成果参加了2019北京国际设计周白塔寺的新青年空间无界叙事展。

2019年底新冠肺炎疫情暴发，原本准备2020年春季学期赴伦敦参与课题的一组央美学生不得不取消行程，改为线上教学。而英国学生也逐渐变成线上网课，虽然直至今日他们每个学期还在坚持做北京的课题，但是再也没有来过北京。这个时期工作室主要是线上线下结合教学，新任职的建筑学院院长朱锫教授聘请彼得·塔戈里加入国际工作室，参与主要的教学课题设定和辅导。塔戈里教授来自美国，曾任美国罗德岛设计学院建筑系主任，有着丰富的教学经验。此期间学生组成以央美学生为主，在2022—2023学年也曾与摩洛哥穆罕默德理工大学的一组学生合作过苏州和马拉喀什的课题。这个阶段央美的何可人老师依然负责总体协调和参与课程编制，年轻的老师刘焉陈和吴晓涵开始加入进来。

在教学之余，工作室对实践的项目进行调研和参观并与建筑师沟通。从2020年开始，每年秋季学期都去参观MAD在北京设计的百子湾公租房，并且参观MAD，与合伙人马岩

工作室同学参加富国里小区改造公众参与活动

李虎和韩涛参与工作室评图

王子耕老师与工作室学生讨论深圳双年展的方案

工作室学生参观北京都市实践事务所

清华大学张利教授、建筑师吴文一参与工作室评图

工作室学生为 2019 深圳双年展宝安分展创作的墙绘作品

松和党群座谈，马岩松也应邀参加了百万庄改造课题的评图。2021 年夏天，何可人老师带着研究生团队在国内各大城市参观住宅项目，在上海西岸走访了张佳晶建筑师和高目建筑事务所。

2023 年秋季学期是疫情后国际工作室师生第一次走出国门来到巴黎，实现了真正意义上的旅行工作室。塔戈里教授设定的课题主题是奥运会以及城市的关联。学生们在赴巴黎前参观了北京冬奥会的场馆及奥运村，到巴黎后选取奥运村所在地的圣但尼和巴黎大学城两块场所进行自我的策划和设计。2024 年春季学期，国际工作室的新一批学生将赴意大利威尼斯，与威尼斯建筑大学交流并以威尼斯为题进行新的创作。

CAFA 国际工作室在风风雨雨中走过了十年，这个国际化的平台收获了教学成果，传递了中外文化，缔结了国际友谊，教师和学生每个人都获益匪浅，成为其一生中重要的经历。希冀国际工作室在新的十年里再接再厉，担负起社会的责任，在实现社会公平、生态环保、可持续性城乡发展的道路上继续探索。

彼得·塔戈里教授在巴黎街头给学生讲解

何可人（右 3）和外请嘉宾在巴黎彼得·塔戈里工作室评图

附录 1

2014—2024 CAFA 国际工作室课题及师生名录

时间	课题	参与学生	指导教师	客座讲座及评图嘉宾
2014—2015 学年秋季学期	映射差异：北京旧城街道调研及菊儿胡同社区公共空间与社会住宅设计	CAFA2011 级本科建筑：宋羽，尹些，易家亿，张村，王丰，李昕荷 CAFA2014 级研究生：刘晶晶，陈金霞，祝铭，宁涛，板玮天，尤世峰，李娜，冯晓晨，谭钰琳，蔡树龙，李铁，邵剑，段然，赵海，胡吾思，杨陆峰，胡澜紫月，张晓亮，朱芳，陈龙，李秋实，韩霞，王琳，翟张华，蒋钶，李宽广，姚慧婷，安石，赵一诺 CAFA 国际交换生：Michael Baumann，Helen Busscher, Erik Czjerk, Fulei Lin, Nadia Muff	何可人，戴维・波特，周宇舫，刘斯雍，王威，侯晓蕾	Robert Mantho, Ann Elisabeth Toft, 李涵，谢晓英，曹文钧
2015—2016 学年秋季学期	飞地 / 围地 3½ 的叙事性空间：北京环 10 号线社区更新与社会住宅设计	CAFA2012 级本科建筑与城市：付一玲，高鹏飞，李锦莉，刘名沛，刘明希，苗九颖，秦缅，孙玉成，王楚霄，徐子 CAFA2015 级研究生：艾东才次克，李蕙，李婧，李志阳，刘宇洁，牛娜，邵鹏，宋裕军，苏曼，王海洋，魏栋，张金玲，汤磊 CAFA 国际交换生：Annika Anderson, Simone Dürrer, Thomas Grannells, Hanna Hallböök, Karl E. Koch, Chloe Lambermont, Nikolai Nielsen, Lea Nussbaumer, Victor Ohn-Breumlund, Kristoffer Røgeberg, 石润康 , Oliver von Kaenel 英国威斯敏斯特联合课题学生：Rebecca Cooper, Amrit Flora, Maria Garvey, Magnus Pahlberg, William Rowe, Caroline Wisby	何可人，戴维・波特，韩涛，刘斯雍，侯晓蕾，张中琦	华黎，黄文菁，董灏，印鸣，王辉，张利，吴文一，车飞，李涵，和马町，Ana Neiva，曹文钧
2015—2016 学年春季学期	东伦敦社会住宅设计	CAFA2012 级本科建筑与城市：高鹏飞，刘名沛，刘明希，苗九颖，孙玉成，刘子莘，吕佳依	张中琦，戴维・波特，何可人	
2016—2017 学年秋季学期	飞地 / 围地之社区边界：北京丰台西国贸汽配城改造及社会住宅设计	CAFA2013 级本科建筑与城市：赵潇潇 , 洪梅莹，吴雅哲，刘乾钰，任子墨，左丹，房潇，石泽元，张馨月，许扬，李策，莉莉 CAFA 国际交换生：林治茂，Sofie Krog Buskov, Mujung Xu, Marie Helene, Pino Heye 英国威斯敏斯特联合课题学生：Irina Bodrova, Jasmine Montina, Bryan Ortiz, Zuza Osiecka, Heenah Pokun, Hugo Shackleton, Anissa Souza, Karol Wozniak	何可人，韩涛，刘斯雍，戴维・波特，侯晓蕾，张中琦	程启明，王辉，程大鹏，李虎，和马町，王硕，曹文钧
2016—2017 学年春季学期	伦敦南岸（伦敦桥）社会住宅设计	CAFA2013 级本科建筑：左丹，石泽元	张中琦，戴维・波特	刘斯雍，李琳

续表

时间	课题	参与学生	指导教师	客座讲座及评图嘉宾
2017—2018 学年秋季学期	城市混合社区的未来：北京富国里小区更新及社会住宅设计	CAFA2014 级本科建筑与城市：张雨晴，秦家琛，谢雨帆，陈钊铭，陈曦，童羽佳，黄璇墀，罗润可，史皓月，胡佳茵，王丁同 CAFA 国际交换生：Kristoffer Gade, Khadar Awil, Florian Stiegler, Mira Simeonova, Martina Follesa, Marta Carnieri, Alessandra Di Carlo, Federica Mesoraca, Beatrice Saroni，高歌，黄鼎翔 英国威斯敏斯特联合课题学生：Signa Pelne, Remi Kuforiji, Gabija Gumbeleviciute, Anderson Asteclines, Dilan Kalayci, Drew Yates, Aristides Apatzidis-Jones, Rebecca Foxwell	何可人，韩涛，刘斯雍，戴维·波特，侯晓蕾，张中琦	边兰春，程晓青，刘晓征，李虎，卜骁俊，王子耕，李世奇，刘焉陈，罗晶
2017—2018 学年春季学期	伦敦科洛莫街社会住宅设计	CAFA2014 级本科建筑与城市：陈钊铭，秦家琛，谢雨帆，曾文涛，张雨晴，胡佳茵	张中琦，戴维·波特，何可人	
2018—2019 学年秋季学期	飞地 / 围地之基础设施的叙事：北京三源里社区更新及社会住宅设计	CAFA2015 级本科建筑与城市：谢思馨，徐殊昱，赵宇，曹馨文，卓子舜，黄嘉敏，俞又文，邹佳良，韩文乾，童子潇 CAFA 国际交换生：Erik I. Melchior, Filip Nyborg, Linn F. Johansson, Gerda Levin，裴菲 英国威斯敏斯特联合课题学生：Poonam Ale, Lauren Fashokun, Manjot Jabbal, Maheer Khan, Matthew Lindsay, Ryan Myers, Ryan Speer, Yana Stoyanova, Catalina Stroe, Gia San Tu, Soraia Viriato	何可人，刘斯雍，周宇舫，张中琦	唐克扬，王子耕，侯晓蕾，朱宁宁，史洋
2018—2019 学年春季学期	伦敦萨默斯镇社会住宅设计	CAFA2015 级本科建筑与城市：高文浍，黄嘉敏，童子潇，卓子舜，邹家良，吕律，Lai Chin-in	张中琦，何可人，刘斯雍	戴维·波特
2019—2020 学年秋季学期	①飞地的叙事与栖居—北京三源里社区 ②深圳宝安城中村更新及住宅设计	CAFA2016 级本科建筑与城市：马天姿，娜日苏，朱嘉慧，陈墨玉，张心仪，邓铱瑾，许萌洋，邓诗雨 CAFA2019 级研究生：刘天博，张向玥 CAFA 国际交换生：Sugawara Kaede, Moritz Widmer, Julian Kersting, Dominik Leitner, Jacob Lagerberg, Felix Fagernes, Julia Plapper 英国威斯敏斯特联合课题学生：Lucy Bambury, Barbara Cellario, Rujina Chaudhury, Billy Nguyen, Jason Prescod, Jacqueline Rosales, Anna Tabacu, Kristina Veleva	何可人，刘斯雍，王子耕，张中琦	Per Olaf Fjeld, Karl-Otto Ellefsen，李涵，梁明
2019—2020 学年春季学期	③伦敦新十字街高密度社会住宅	CAFA2016 级本科建筑与城市：马天姿，娜日苏，许悦儒，彭芸，王腾乐，陈墨玉，朱嘉慧	张中琦，何可人，王子耕	戴维·波特

续表

时间	课题	参与学生	指导教师	客座讲座及评图嘉宾
2020—2021学年秋季学期	① CAFA@北京三源里社区住宅设计；② CAFA @巴黎：反思之城	CAFA2017级本科建筑与城市：邱翔，宋滢纯，郭欣宇，杨霄鹏，黎峻滔，雷宏才，张奕阳，陈逸凡，李沛宣 CAFA2016级本科建筑：周聪睿，张心仪 CAFA2020级研究生：刘双孚，杨宏业	何可人，彼得·塔戈里，刘焉陈	朱锫，张中琦
2020—2021学年春季学期	③ CAFA @New York，纽约华人博物馆	CAFA2017级本科建筑：邱翔，宋滢纯，郭欣宇，杨霄鹏，黎峻滔，雷宏才，陈逸凡，王祎，李荣润	彼得·塔戈里，何可人，吴晓涵	吴华，张茜
2021—2022学年秋季学期	①从乡村到城市：北京门头沟爨底下村改造设计； ②从乡村到城市：北京百万庄社会住宅设计	CAFA2018级本科建筑：贺宇婷，曹施熠，柳逸轩，吕朝歆，胡沛然，刘素林，李嘉玥，吴雨晴，胡杨，刘甜梦	何可人，彼得·塔戈里，吴晓涵	马岩松，张茜，和马町，何崴，李亮
2021—2022学年春季学期	③ CAFA @Iberia，伊比利亚半岛和朝圣之路上的驿站	CAFA2018级本科建筑：柳逸轩，李嘉玥，韩雨桐，闫睿，杨苏彤，胡杨，陈顺山，陈楠琦，路冬妮，景琰斐	彼得·塔戈里，何可人，吴晓涵	张茜
2022—2023学年秋季学期	①伦敦苏莫斯镇：全球化与地方化语境下的诗意栖居； ②北纬31°的设计：苏州的旧城与新城的栖居	CAFA2019级本科建筑：孙馨迪，高祯迎，张琬彤，朱宏基，王颖慧，戴娜，何知源，王跃渊，申旼起，吴旻 摩洛哥穆罕默德六世理工大学15人	彼得·塔戈里，何可人，刘焉陈，Tarik Oualalou，Kaoutare A. Alaoui	朱锫，张茜
2022—2023学年春季学期	③北纬31°的设计：摩洛哥马拉喀什的栖居	CAFA2019级本科建筑：孙馨迪，高祯迎，张琬彤，朱宏基，吴旻，戴娜，何知源，申旼起，张佳晴，傅艾柠 摩洛哥穆罕默德六世理工大学15人	彼得·塔戈里，吴晓涵，Tarik Oualalou，Kaoutare A. Alaoui，Alexandre Beaudouin	朱锫，何可人，张茜，刘焉陈
2023—2024学年秋季学期	① CAFA@Paris，巴黎奥林匹克村与大学城—城市干预与特定人群的居所设计	CAFA2020级本科建筑与城市：殷若曦，曾繁蓉，王露茁，郝奕昕，杨丰泽，王昊旻，屈羡，徐昊阳	彼得·塔戈里，刘焉陈，何可人	朱锫，吴华，Imma Sierra，Thomas Guilbaud，Jacques Ferrier

续表

时间	课题	参与学生	指导教师	客座讲座及评图嘉宾
2023—2024 学年春季学期	② CAFA@Venice, 双年展盛宴下的社区——城市干预与特定人群居所的设计	CAFA2020 级本科建筑：殷若曦，徐昊阳，周千惠，王敏知 CAFA2022 级研究生：陈湘汛，吴定聪，郑洁	彼得 · 塔戈里，吴晓涵	周宇舫，何可人，刘焉陈

附录 2

作者简介

何可人

CAFA 国际工作室创始人和责任导师，中央美术学院建筑学院教授，博导，目前担任中央美术学院建筑学院建筑历史与理论中心负责人，文化乡建工作室责任导师。毕业于清华大学建筑学院和美国圣母大学建筑学院，维也纳应用艺术大学访问学者，具有美国纽约州注册建筑师资格。研究方向为建筑历史与理论、城市更新与社会住宅和文化乡建等。发表多部专著和专业文章，在国内外有多年实践经验。曾任英国威斯敏斯特大学建筑联盟，格拉斯哥美术学院，丹麦奥胡斯建筑学院联合课题导师和评图导师。

张中琦（John Zhang）

张中琦是一位在英国从事教育、研究和实践的建筑师；剑桥大学建筑学士，皇家艺术学院建筑学硕士及博士。他是伦敦 Studio JZ 工作室和数据可视化集体的创始人。他在英国威斯敏斯特大学建筑与城市学院任国际交换工作室和建筑与环境学位的导师。他目前的跨学科研究旨在通过 VR 和 AI 对科学和气候数据进行沉浸式的可视化。皇家艺术研究院夏季展、第 26 届联合国气候变化大会（COP26）、南岸中心、格兰特博物馆等曾展出过他的作品。

邵　帅

北京工业大学建筑学学士，日本法政大学建筑学博士。目前任法政大学建筑学科助手。日本建筑学会、城市史学会成员。研究方向为从城市史角度考察东亚近现代住宅区的规划变迁、东亚历史建筑和街区的保护与再生等。

徐紫仪

东京大学都市工学院在读博士生，本科毕业于哈尔滨工业大学建筑系，硕士毕业于清华大学建筑学院。研究方向为日本近现代建筑理论、社区设计、环境可持续社区。日本建筑学会会员。

马岩松

MAD 建筑事务所创始合伙人，是首位在海外赢得重要标志性建筑的中国建筑师。他致力于探寻建筑的未来之路，将东方思想带入建筑实践，创造一种人与自然、天地对话的氛围与意境。MAD 建筑事务所设计覆盖美术馆、博物馆、大剧院、音乐厅等公共建筑规划，以及城市综合体、城市更新、规划等。同时，他还积极通过教学、艺术创作、策展和出版等一系列学术活动，探讨城市与建筑的文化价值。马岩松毕业于美国耶鲁大学并获建筑学硕士学位，本科就读于北京建筑工程学院（现北京建筑大学）。他现为美国耶鲁大学客座教授，曾任清华大学、北京建筑大学和美国南加州大学客座教授。

张佳晶

上海高目建筑设计咨询有限公司主持建筑师，上海交通大学设计学院客座教授，同济大学建筑城规学院设计导师，上海市规划和自然资源局风貌保护专家。毕业于同济大学城市规划系风景园林专业，擅长居住建筑、教育建筑、城市设计和宠物友好建筑。

戴维·波特 (David Porter)

曾任中央美术学院建筑学院特聘教授，CAFA 国际工作室导师 (2012—2018 年), 英国建筑联盟（AA School）校监会主席（2015—2018 年），皇家苏格兰建筑协会理事以及皇家艺术协会理事。他退休前曾任英国格拉斯哥艺术大学麦金托什建筑学院院长，皇家墨尔本理工学院联合教授（2011—2014 年），丹麦奥胡斯建筑学院客座教授，曾在澳大利亚、比利时、丹麦、法国、荷兰、爱尔兰、列支敦士登、罗马尼亚和斯里兰卡等国家高校中担任客座教师与评图导师。他曾与英国著名建筑师尼弗·布朗合伙在 20 世纪 60 ～ 70 年代设计了大量低层高密度社会保障性住宅，其成果在欧洲各国出版与展览。

CAFA 国际工作室导师简介

韩　涛

CAFA 国际工作室责任导师。中央美院设计学院副院长，教授，博导，中央美院学术委员会委员，中国人文社科期刊评价专家委员会委员，中国建筑学会建筑评论委员会理事委员，纽约哥伦比亚大学访问学者。研究与实践主要聚焦在以现代性与现代化为核心议题的数字资本主义批判、交叉学科设计学理论前沿、现代中国建筑艺术的社会与文化理论研究、中国城市—乡村更新策略研究四个领域。

侯晓蕾

CAFA 国际工作室导师，中央美院建筑学院教授、研究生部主任，博士导师。担任北京市历史文化名城保护学术委员会专家、北京市城市规划学会城市共创专委会副主任、中国风景园林学会理事、住建部传统村落专家等，主持多项国家级和省部级课题，获得多项国际国内专业奖项，获评国家级人才称号。

刘斯雍

CAFA 国际工作室导师，中央美术学院建筑学院副教授，硕士导师，建筑学院文化创意中心主任，本科毕业班 16 工作室导师。清华大学建筑学院建筑学学士，美国哈佛大学建筑学硕士。丹麦皇家美术学院、英国威斯敏斯特大学联合课题导师和评图导师；同时作为图像小说作者和插图画家，她的实践项目注重于跨界的艺术探讨。

刘焉陈

CAFA 国际工作室导师，中央美术学院建筑学院讲师，DustART 建筑设计工作室主持建筑师。获得哈佛大学设计学院建筑学硕士学位，香港大学建筑学院学士学位。

彼得·塔戈里（Peter Tagiuri）

CAFA 国际工作室责任导师，是一名建筑师和建筑教师。出生于波士顿，毕业于美国达特茅斯学院和哈佛大学。曾执教于罗德岛艺术学院（2002—2006 年任系主任）、中国美术学院、人民大学和中央美术学院。曾任法兰克福、斯图加图和苏黎世联邦理工的客座教授，爱丁堡大学和香港中文大学的外请评审。他的建筑和城市设计项目遍布中国、英国、法国、日本、美国和北非地区。

王威

曾任 CAFA 国际工作室导师。自由艺术家，数字牧民，原中央美术学院建筑学院教师。毕业于中央美术学院建筑学院，代尔夫特理工大学、挪威奥斯陆建筑与设计学院景观与都市化博士候选人。致力于建筑、影像和游戏等跨媒介叙事研究。

王子耕

CAFA 国际工作室导师，中央美术学院建筑学院副教授，建筑系副系主任。建筑师、艺术家、策展人。普林斯顿大学建筑学硕士。同济大学建筑学博士候选人。PILLS 工作室创始人及主持建筑师。2025 年大阪世博会中国馆策展人。第九届深港城市\建筑双城双年展总策展人，学术委员会委员。广州美术学院湾区创新学院学术委员会委员。深圳大学本原设计研究中心学术委员会委员。曾任雪城大学客座教授，北京电影学院美术学院讲师，清华大学建筑学院客座教授。研究领域包括环境技术、建筑展览、建筑媒介与叙事。

吴晓涵

CAFA国际工作室导师，中央美术学院建筑学院教师。2015年毕业于清华大学建筑学院，2017年获哈佛大学设计学院建筑学城市设计方向硕士。美国纽约州注册建筑师，绿色建筑LEED专员。其作品关注循环经济视角下的可持续材料与建构，在从城市设计到装置设计的全尺度上呈现叙述、激发讨论、解决问题，曾入选纽约古根海姆“乡村·未来”展览、哈佛大学设计学院年刊，并曾获多项国际奖项。

周宇舫

CAFA国际工作室研究生组导师，中央美术学院教授，博士生导师，中央美术学院建筑学院副院长，中国科学院大学人居科学学院硕博士生导师。兼任中国建筑学会科普工作委员会委员、中国建筑学会建筑改造和城市更新专业委员会常务理事、中国建筑学会城市设计分会理事。曾获东南大学建筑学学士，美国伊利诺伊理工大学建筑学硕士，2001年美国建筑师学会学院金质奖章。主要研究方向：综合性公共建筑和空间环境基础理论研究。